수학자의 뒷모습 Ⅲ

새로운 세계를 창조하다

19세기

| **일러두기** |

1. 인명, 지명, 작품명은 한글 맞춤법 외래어 표기법에 따라 표기했으며, 브리태니커 백과사전을 참조했다. 또한 용어에 대한 원문은 함께 표시하였다.
2. 중요한 내용의 설명은 각주를 따로 표시하였다.
3. 본문에서 사용한 부호와 기호의 뜻은 다음과 같다.
   - 저서, 신문, 잡지 : 《 》
   - 개별작품, 논문, 기사 : 〈 〉
   - 강조와 인용 : ' ', " "

수학자의 뒷모습 III

편저자 허 민
펴낸이 박문규
펴낸곳 경문사
펴낸날 2008년 3월 20일 1판 1쇄
2011년 1월 2일 1판 2쇄
등 록 1979년 11월 9일 제9-9호
주 소 121-818, 서울특별시 마포구 동교동 184-17
전 화 (02)332-2004 **팩스** (02)336-5193
이메일 kyungmoon@kyungmoon.com

값 14,000원

ISBN 978-89-6105-112-5 03410
ISBN 978-89-6105-109-5 (세트)

★ 경문사 홈페이지에 오시면 즐거운 일이 생깁니다.
http://www.kyungmoon.com

한국과학기술출판협회 회원사

수학자의 뒷모습 III

19세기
새로운 세계를 창조하다

허민

경문사

| 일러두기 |

1. 인명, 지명, 작품명은 한글 맞춤법 외래어 표기법에 따라 표기했으며, 브리태니커 백과사전을 참조했다. 또한 용어에 대한 원문은 함께 표시하였다.
2. 중요한 내용의 설명은 각주를 따로 표시하였다.
3. 본문에서 사용한 부호와 기호의 뜻은 다음과 같다.
   - 저서, 신문, 잡지 : 《 》
   - 개별작품, 논문, 기사 : 〈 〉
   - 강조와 인용 : ‘ ’, “ ”

머리말

이 책에서는 《수학자의 뒷모습 Ⅰ, Ⅱ》에 뒤이어 19세기에 활동했던 수학자들의 일화를 소개한다. 19세기는 수학의 역사에서 또 다른 황금 시대였다. 이 세기에 연구한 수학 주제와 결과는 그 이전의 연구 결과를 모두 합친 것보다 훨씬 더 많다. 19세기는 또한 혁명적인 시기였다. 비유클리드 기하학, 비가환 대수학, 고차원 공간, 극한을 포함한 무한 과정, 위상 수학과 같은 추상적 공간과 같은 개념이 도입되고 정립되어 수학이 모든 면에서 근본적으로 바뀌었다.

19세기에는 현대 수학의 기틀이 잡혔는데, 그와 같은 과정에 참여한 수학자는 현재 우리가 사용하고 있는 수학과 과학 책에서 자주 접할 수 있다. 이에 따라 19세기의 수학자들은 더욱 친밀감을 준다. 역사 속의 인물이라기보다는 오히려 친근한 동료라는 느낌을 갖게 한다. 19세기부터는 대학의 발달과 함께 전문적인 수학자가 폭발적으로 증가했기 때문에, 단 한 세기의 수학자를 다루기 위해서도 많은 지면이 필요하다.

2007. 12.

허 민

차 례

수학자의 뒷모습 III (19세기)

19세기의 수학 • 3
푸리에 • 5
나폴레옹 • 10
제르맹 • 14
가우스 • 18
크렐레 • 46
푸아송 • 49
퐁슬레 • 52
코시 • 54
뫼비우스 • 60
배비지 • 64
로바체프스키 • 74
그린 • 78
아벨 • 80
볼리아이 • 89
야코비 • 96
디리클레 • 101
해밀턴 • 104
드 모르간 • 113
리우빌 • 121
퍼스 • 125
그라스만 • 129
쿠머 • 132
갈루아 • 136
실베스터 • 143
바이어슈트라스 • 153
불 • 159
케일리 • 163

에르미트 ● 168
크로네커 ● 174
리만 ● 178
테이트 ● 185
데데킨트 ● 189
푸크스 ● 191
조르당 ● 193
리 ● 196
칸토어 ● 199
클리포드(루이스 캐럴) ● 204
미타그-레플러 ● 209
클라인 ● 213
소냐 코발레프스카야 ● 217
푸앵카레 ● 222
피카르 ● 239
룽게 ● 241
페아노 ● 243
후르비츠 ● 246
민코프스키 ● 249

참고 문헌 ● 253
찾아보기 ● 255

수학자의 뒷모습 I (그리스, 중국, 인도, 아라비아)

수학자란?

그리스

그리스의 수학

탈레스/ 피타고라스/ 플라톤/ 에우독소스/ 유클리드/
아르키메데스/ 에라토스테네스/ 아폴로니오스/
디오판토스/ 파포스/ 히파티아

중국

중국의 수학
장형/ 유휘/ 조충지/ 왕효통/ 이순풍/ 심괄/ 이야/진구소/
양휘/ 주세걸/ 정대위/ 서광계/ 강희제/ 이선란

인도

인도의 수학
아리아바타/ 브라마굽타/ 바스카라

아라비아

아라비아의 수학
알콰리즈미/ 알하이탐/ 오마르 카얌

수학자의 뒷모습 II (중세 유럽~18세기)

중세 유럽

중세 유럽의 수학
실베스테르 2세/ 헤르만/ 번역가의 세기/ 피보나치/ 오렘

르네상스

르네상스의 수학
레기오몬타누스/ 파촐리(레오나르도 다 빈치)/ 비트만/ 슈티펠/
리제/ 타르탈리아와 카르다노/ 레코드/ 레티쿠스/ 비에트/
스테빈

17세기

17세기의 수학
네이피어와 브리그스(건터)/ 해리엇과 오트레드/
갈릴레오와 케플러/ 메르센/ 데자르그/ 데카르트/카발리에리/
페르마(볼프스켈, 와일스)/ 로베르발/ 월리스/메르카토르/ 파스칼/
배로/ 렌/ 뉴턴/라이프니츠/초기의 미분 적분학(롤)/
베르누이 가문(반 슈텐, 카시니, 그레고리)/ 핼리

18세기

18세기의 수학
드 무아브르/ 버클리/ 골드바흐/ 매클로린/ 모페르튀이/
크라머/ 오일러/ 뷔퐁/ 심프슨/ 클레로/ 달랑베르/ 아그네시/
라그랑주/ 콩도르세/ 몽주/ 라플라스/ 르장드르

수학자의 뒷모습 IV (20세기)

20세기의 수학
화이트헤드/ 힐베르트/
괴팅겐 대학교 수학과(체르멜로, 카라테오도리, 블루멘탈, 덴, 보른, 바일, 보어, 쿠란트, 지겔, 노이게바우어, 판 데르 베르덴)
시카고 대학교 수학과(엘리아킴 무어, 볼차, 마쉬케)/ 아다마르/
하우스도르프/ 러셀/ 딕슨/ 하디/ 란다우(기브스)/ 아인슈타인/
페예르/ 헝가리 수학자(리츠 형제, 폰 카르만)/ 베블런/
고등학술연구소(알렉산더, 모스)/ 브로우베르/ 뇌터/
로버트 무어/ 벨/ 레프셰츠/ 리틀우드/ 비버바흐/ 폴리아/
라마누잔/ 모델/ 베시코비치/ 바나흐/ 위너/ 버그먼/ 아르틴/
지그문트/ 디랙/ 스톤/ 처치/ 폰 노이만/ 터커/ 괴델/ 베유/
듀돈네/부르바키/ 알포르스/ 울람/ 맥레인/ 가레트 버코프/
에르되시/ 베어스/ 카츠/ 빙/ 노벨상과 필즈상

19세기

주요 인물

푸리에
나폴레옹
제르맹
가우스
크렐레
푸아송
퐁슬레
코시
뫼비우스
배비지
로바체프스키
그린
아벨
볼리아이
야코비
디리클레
해밀턴
드 모르간
리우빌
퍼스
그라스만
쿠머
갈루아
실베스터
바이어슈트라스
불
케일리
에르미트
크로네커
리만
테이트
데데킨트
푸크스
조르당
리
칸토어
클리포드
미타그-레플러
클라인
코발레프스카야
푸앵카레
피카르
룽게
페아노
후르비츠
민코프스키

19세기의 수학

19세기에 수학은 모든 면에서 획기적으로 발전했다. 양적인 면에서 폭발적으로 팽창했는데, 대학의 발달에 따라 전문 수학자가 대거 등장하면서 더욱 가속도가 붙었다. 18세기까지의 수학사를 정리한 모리츠 칸토어❶의 책은 각각 약 1000쪽씩 네 권으로 이루어져 있다. 그런데 이와 같은 크기의 책으로 19세기의 수학을 설명하기 위해서는 적어도 14권의 책이 필요하다고 한다. 이렇듯이 18세기까지 발견된 수학을 모두 합쳐도 19세기 100년 동안 발견된 수학에 훨씬 못 미친다. 수학 논문을 게재한 잡지의 경우, 1700년 이전에는 겨우 17종에 불과했고 18세기에는 210종이었지만, 19세기에는 무려 950종으로 증가했다. 19세기에는 복소 함수론이 눈부시게 발전했고, 사영 기하학, 추상 대수학, 집합론 등 새로운 수학 분야가 개발됐다.

19세기에 수학은 질적인 면에서도 엄청나게 발전했다. 18세기 수학자들은 미분 적분학의 놀라운 응용력에 도취되어 기초가 취약한데도 엄청나게 많은 연구 결과를 양산했다. 19세기 수학자들은 무분별한 직관의 사용과 형식적인 기호 조작에 대한 반작용으로 엄밀한 연구를 수행했으며 중요한 개념들을 정제했다. 이에 따라 함수, 극한, 연속성, 미분 가능성, 적분 가능성 등과 같은 개념을 신중하고 명확하게 정의했다. 그리고 수학 전반에 걸쳐 일반화와 추상화

❶ Moritz Benedikt Cantor(1829~1920), 독일의 수학사학자

의 경향이 대두됐다.

그리고 수학을 보는 관점도 바뀌었다. 19세기 전반기에 발견된 비유클리드 기하학과 비가환 대수학은, '수학은 절대적 진리' 라는 전통적인 관점에 근본적인 회의 갖게 했고 새로운 수리 철학의 정립을 요구했다.

수학 활동의 중심지도 다양해졌다. 18세기 말에는 프랑스 수학자들이 세계의 수학을 주도했다. 19세기 전반기에 수학 활동은 유럽 전역에서 활발하게 진행됐다. 영국에서는 대수학을 중심으로 한 수학 연구가 활발했다. 독일에서는 순수 수학에 대한 연구가 체계적으로 이루어졌고, 이를 바탕으로 20세기 전반기까지 베를린 대학과 괴팅겐 대학이 수학의 새로운 중심지 역할을 했다.

푸리에 Jean-Baptiste-Joseph Fourier

1768~1830

푸리에는 1768년 3월 21일 프랑스 부르고뉴Bourgogne의 오세르Auxerre에서 재단사의 아들로 태어났다. 아버지는 첫째 부인에게서 3명, 둘째 부인에게서 12명의 자녀를 두었는데, 푸리에는 둘째 부인의 소생 중에서 아홉째였다. 10세 때 고아가 됐지만 어떤 자상한 부인의 보호를 받았다. 1780년에 고향의 군사 학교에 들어가 교육을 받았는데, 처음에는 문학에 관심을 보이다가 곧 수학에 더 큰 흥미를 느꼈다.

푸리에는 1878년에 성직자가 되기로 결심하고 베네딕트회의 수도원에 들어갔다. 그러나 수학 공부를 계속했고, 성직자가 아니라 수학 교사가 되어 1790년에 고향 학교에서 그리고 나중에는 에콜 폴리테크니크와 에콜 노르말 쉬페리외르에서 가르쳤다. 1798년에는 몽주와 함께 나폴레옹의 이집트 원정에 참여했다.

혁명의 시대

푸리에는 1793년에 지방의 혁명 위원회에 가담했는데, 프랑스 혁명 초기에 활발한 활동으로 이름을 날렸다. 그러나 공포 정치의 희생자들을 용기 있게 옹호하다가 1794년에 체포됐다. 로베스피에르❶에게 개인적으로 탄원했다가 실패했지만, 로베스피에르가 단두대에서 처형된 뒤에 정치 상황이 바뀌어

석방됐다.

푸리에는 (1795년 1월에 개교해서 짧은 기간 존속했던) 에콜 노르말 쉬페리외르에 입학했는데, 혁신적인 교육 방법에 강한 인상을 받았으며 당대의 뛰어난 수학자인 라그랑주, 라플라스, 몽주 등을 만날 수 있었다.

푸리에는 그 뒤 곧 에콜 폴리테크니크에서 라그랑주와 몽주를 돕는 보조 강사로 임명받았다. 그러나 곧 이전 정권에 대한 반동의 희생양으로 다시 체포되어 투옥됐다가, 에콜 폴리테크니크의 옛 동료들이 도와서 간신히 석방됐다. 1795년 9월에 에콜 폴리테그니크로 복귀했고, 1797년에는 라그랑주의 뒤를 이어 해석학과 역학을 가르쳤다.

▣ 유능한 행정가

1798년 푸리에는 몽주와 함께 나폴레옹의 이집트 원정에 참여해서 과학 상담역을 맡았다. 1799년 나폴레옹이 이집트를 떠난 뒤에도 그곳에 남아서 수학과 고고학을 연구하고 군수 공장을 운영했다.

푸리에는 1801년 귀국해서 에콜 폴리테크니크에 복귀했지만, 그의 행정 능력에 감동한 나폴레옹은 그를 그레노블이 중심인 이제르 지방의 지사로 임명했다. 당시 푸리에는 37개 지역 사회의 동의를 이끌어내어 거대한 늪지대에 배수 시설을 설치했고 이를 값진 농경지로 바꾸었다. 그리고 그레노블과 이탈리아의 토리노를 잇는 멋진 도로를 계획했는데, 프랑스 지역만이 완성됐다. 나폴레옹은 그에게 지사로서의 훌륭한 업적을 인정해서 남작의 작위를 수여했다.

푸리에는 지사로서의 바쁜 나날을 보내던 중에도, 열의 확산에 관한 고전적인 논문 〈고체에서 열의 전도에 대해〉를 썼고 1807년에 프랑스 과학원에 제

❶ Maximillien Marie Isidore de Robespierre(1758~1794), 프랑스 혁명기의 정치가, 자코뱅당에 속해서 1793년 9월부터 독재 권력을 장악하고 공포 정치를 펴다가, 1794년 7월 27일 쿠데타로 체포되어 이튿날 처형됐다.

출했다. 이 논문은 라그랑주, 라플라스, 라크루아, 몽주가 심사했는데, 삼각 함수를 이용한 함수의 표현과 관련해서 심한 반대에 부딪혔다.

프랑스 과학원은 1811년에 수여할 상을 위한 주제로 고체에서 열의 확산을 선정했다. 푸리에는 1807년의 논문을 보완해서 제출했다. 다른 한 편의 논문과 경쟁해서 상은 탔지만, 불만족스럽다는 심사 위원들의 의견에 따라 5쪽의 요약문만이 발표됐다.

▣ 배반과 변절

푸리에는 나폴레옹이 실각하자 그를 배반하고, 루이 18세에게 충성을 서약했다. 그래서 이제르 지사를 계속할 수 있었다. 나폴레옹이 엘바 섬을 탈출해서 그레노블로 진격해올 때는 저항하려고도 했지만, 결국 굴복하고 충성을 서약했다. 나폴레옹은 관대하게도 그에게 백작의 작위를 내렸고 리옹이 중심인 론 지방의 지사에 임명했다.

그 뒤 부활한 루이 18세는 푸리에를 모든 공직에서 추방했다. 궁핍한 생활을 하던 중, 당시 센의 지사로 있던 에콜 폴리테크니크의 제자의 도움으로 통계국의 국장이 될 수 있었다.

▣ 열에 도취되다

푸리에는 1817년에 프랑스 과학원의 회원으로 선임됐고, 1822년에는 수학 분야의 서기가 됐다. 이런 권한으로 1822년에 연구서 《열의 해석적 이론》[2]을 출판했다. 이는 수리 물리학의 획기적인 사건으로 푸리에의 학문적인 업적 중에서 오늘날 가장 잘 알려진 것으로 1811년에 프랑스 과학원의 상을 받은 논문

❷ *Théorie analytique de la chaleur*

을 확장한 것이었다. 그리고 푸리에가 거의 모든 함수 $y=f(x)$는 (오늘날 푸리에 급수로 부르는) 삼각 급수로 표현할 수 있다는 생각을 제시한 것도 바로 이 책에서였다. 켈빈 경[3]은 이 책을 '위대한 수학적인 시'라고 묘사했다.

푸리에가 이집트에서 겪은 경험 또는 열에 대한 그의 연구는 나중에 그에게 이상한 버릇을 갖게 했다. 그는 사막의 열기가 건강에 가장 좋은 조건이라고 확신했다. 이에 따라 겉옷을 여러 겹 입었으며, 견딜 수 없을 정도로 온도가 높은 방에서 살았다. 많은 사람은 열에 대한 이런 강박 관념이 그의 죽음을 재촉했고 심장병을 일으키게 만든 직접적인 이유였다고 믿고 있다. 그는 63세였던 1830년 5월 16일 완전히 열에 구워진 상태로 죽었다.

자연은 수학적 발견의 원천

아마도 푸리에에 대해 가장 많이 인용되는 문장은 열의 수학적인 이론에 대한 그의 초기 작품에 나오는 다음과 같은 문장일 것이다. "자연에 대한 깊은 연구는 수학적인 발견에 대한 가장 풍성한 공급원이다."

푸리에 급수

도지[4]는 푸리에 급수에 대해 '예이+예이+예이+예이'[5]와 같이 감탄했다. 푸리에의 연구 결과는 함수 개념에 대한 새로운 정의, 수렴성 정의의 도입, 적분 개념의 재검토, 균등 연속과 균등 수렴에 정의 등의 필요성을 극명하게

[3] Lord Kelvin(1824~1907), 원래의 이름은 윌리엄 톰슨(William Thomson)이고 북아일랜드 벨파스트에서 태어났다. 글래스고 대학과 케임브리지 대학에서 수학과 물리학을 배우고, 1846년부터 53년 동안 글래스고 대학 자연 철학 교수를 지냈다. 해저통신의 공로로 1892년 남작의 작위를 받았다. 1848년 열역학 온도 눈금을 제안했고, 그의 이름을 따서 절대 온도의 단위가 '켈빈'으로 정해졌다.

[4] Clayton W. Dodge, 미국의 수학자, 이브스(Howard W. Eves, 1911~2004)의 제자로 메인 대학교 명예 교수

[5] 예이(Yea)는 예, 그렇소, 옳소, 정말, 그렇지 등의 뜻이 있다.

보여주었다. 그리고 칸토어가 집합론을 발견하게 된 동기를 부여했고, 측도론에 이르는 개념의 기저를 이루었으며, 분포 함수의 진수를 포함했다.

나폴레옹 Napoleon Bonaparte

1769~1821

1804년부터 1815년까지 프랑스 황제를 지낸 나폴레옹은 수학을 진심으로 사랑했으며, 당대의 위대한 수학자들을 존경했다. 또, 그 자신도 뛰어난 아마추어 기하학자였다.

나폴레옹은 자주 간단한 수학 문제에서 즐거움을 찾고 기분 전환을 꾀했다. 믿기는 어렵지만, 애벗[1]이 나폴레옹 전기에서 지적한 다음과 같은 이야기가 있다. "나폴레옹은 기분 전환을 위한 약간의 시간적 여유가 생기면 종종 로그에 관한 책을 선택했다. 그곳에서 그는 언제나 즐거움을 얻었다."

수학 최우등생

나폴레옹은 어린 시절 기숙 학교를 다니던 9년 동안 유일하게 수학에서 뛰어난 성적을 올렸다고 한다. 대수학, 삼각법, 기하학, 원뿔 곡선의 성질 등을 쉽게 이해했다. 파리의 육군 사관 학교를 졸업할 때는 수학 과목에서 최우등상을 받았으며, 그 덕분에 왕실 포병대의 장교로 임관됐다.

[1] John Stevens Cabot Abbott(1805~1877), 미국의 작가

국가의 번영과 수학

수학자 몽주와 푸리에는 나폴레옹과 절친하게 지냈으며, 군사적이고 문화적인 많은 사업에서 황제를 지극 정성으로 보필했다. 몽주는 나폴레옹이 지속적으로 그리고 진실로 우정을 나눈 거의 유일한 사람이었다는 말이 있다.

나폴레옹은 무지는 파멸만을 이끈다는 사실을 인식했다. 이에 따라 학교의 신설을 명령하고 격려했다. 교사를 양성하고 교육시키기 위해서 폐지됐던 에콜 노르말 쉬페리외르를 부활시켰고, 앞선 기술을 배우고 연구하기 위해서 에콜 폴리테크니크를 적극적으로 지원했다. 몽주와 푸리에는 이 두 학교를 발전시키려는 나폴레옹을 정성을 다해 도왔다.

특히, 나폴레옹은 수학을 중요하게 생각했는데, 이런 생각은 다음과 같은 통찰력 있는 문장에 나타난다. "수학의 진보와 완성은 국가의 번영과 밀접하게 연관된다." 그의 노력의 결과로 수학은 프랑스 학교의 교육 과정에서 필수 과목이 됐다. 그 전까지는 프랑스의 학교에서 문학과 어학이 주된 교육 내용이었다.

나폴레옹은 군사 전략과 수학적 방법 사이에 상당히 유사한 점이 많다고 믿었으며, 간단한 기하학 문제로 부하 장교들을 시험함으로써 그들을 괴롭혔다는 이야기가 있다.

나폴레옹의 문제

나폴레옹은 이탈리아의 시인이자 수학자였던 마셰로니[2]의 친구였다. 마셰로니는 (자와 컴퍼스로 얻을 수 있는 기하학적 작도인) 유클리드 작도를 컴퍼스만으로 시행하는 데 관심을 가졌다. 그래서 나폴레옹은 마셰로니와의 접촉을 통해

[2] Lorenzo Mascheroni(1750~1800), 17세에 사제가 됐고, 1786년에 파비아 대학의 대수학 및 기하학 교수가 됐다.

이런 문제에 관심을 갖게 됐을 것이다.

카조리[3]는 책《수학사A History of Mathematics》에서 다음과 같이 말했다. "나폴레옹은 프랑스 수학자들에게 '컴퍼스만을 이용해서 원을 사등분하라.'는 문제를 제시했다. 마셰로니는 반지름을 원에 세 번 적용해서 이 문제를 풀었다. 즉, 호 AB, BC, CD를 차례로 표시했는데, 그러면 AD는 지름이 된다. 나머지는 자명하다." 그런데 정말 나머지는 '자명' 할까?

결코 자명하지는 않지만, 작도가 어렵지 않다. (오른쪽 그림을 보라.) 원 O의 한 점 A가 중심이고 반지름이 AC인 호를 그리고, 중심이 D이고 반지름이 DB인 호와의 교점을 M이라고 하자. 중심이 A이고 반지름이 OM인 호를 그려, 원 O와의 교점을 X와 Y라고 하자. 그러면 A, X, D, Y는 주어진 원에 내접하는 정사각형의 꼭지점이라는 사실을 밝힐 수 있다.[4]

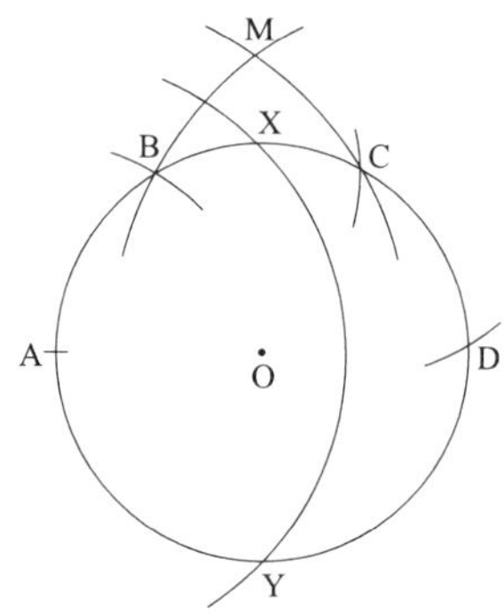

나폴레옹의 정리

다음과 같은 매우 멋진 기하학의 정리가 있다. "삼각형의 각 변에 정삼각형을 밖으로 그리면, 이런 정삼각형들의 외접원의 중심들은 제4의 정삼각형을 형성한다."(오른쪽 그림을 보라.) 이를 나폴레옹의 정리라고 한다.

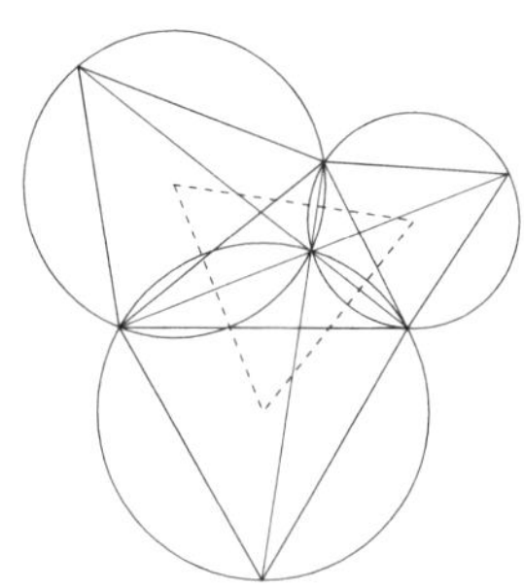

[3] Florian Cajori(1859~1930), 스위스에서 태어나 미국에서 활동한 수학사학자

[4] 다음 사실을 확인하자. $\overline{OA}=\overline{AB}=\overline{BC}=1$이라 할 때, $\overline{AC}=\overline{AM}=\overline{DM}=\sqrt{3}$이고 이등변삼각형 MAD에서 $OM \perp AD$이다. 그러므로 $\overline{OM}=\overline{AX}=\overline{AY}=\sqrt{2}$이다.

그러나 나폴레옹의 문제가 처음에 나폴레옹으로부터 나오지 않았듯이, 이것도 나폴레옹의 발견은 아니다. 그를 통해 널리 알려지게 됐기 때문에, 그의 이름이 붙게 됐다.

학사원 교수

나폴레옹은 1797년 잠시 동안 프랑스 학사원의 기하학 교수였다. 프랑스 혁명기의 주요한 인물로 수학자 카르노[5]가 있다. 루이 16세의 처형에 찬성표를 던졌던 카르노는 혁명 정부에서 요직을 역임했지만, 쿠데타에 참여하기를 거부했고 이에 추방됐다. 그리고 학사원의 기하학 자리도 빼앗겼는데, 바로 그 자리에 나폴레옹이 선임됐다. 나폴레옹을 영웅으로 받든 몽주는 이 임명에 동의했다. 아마도 몽주는 나폴레옹이 새로운 기하학 정리를 발견했다고 생각했고, 이에 따라 그가 교수 자격이 전혀 없지 않다고 확신했을 것이다.

깊은 통찰력

나폴레옹은 이집트 원정 중, 원정에 참여한 학자들과 종종 잡담을 나누었다. 언젠가 자신의 진정한 천직을 놓쳐버렸다고 고백한 적이 있다. 그는 과학자가 되어 뉴턴과 겨루고 싶었다고 말했다. 그러자 몽주가 말했다. "그렇지만 장군, 그것은 불가능합니다. 뉴턴은 이미 우주의 원리를 발견했습니다." 이에 대해 나폴레옹은 다음과 같이 대답했다. "아닙니다. 뉴턴은 단지 세계를 지배하는 거시적인 법칙을 발견했을 뿐입니다. 아직 세계를 지배하는 미시적인 원리는 발견되지 않았습니다. 그것은 바로 원자의 법칙입니다."

[5] Lazare Carnot(1753~1823), 혁명 전쟁 중 프랑스군에 승리의 계기를 만들어 '승리의 조작자'로 칭송됐으며, 축성 공학자, 정치가, 군사 전략가, 뛰어난 재능을 가진 행정가였다. 그러나 나폴레옹을 냉엄하게 비판했다.

제르맹 Marie-Sophie Germain

1776~1831

제르맹은 1776년 4월 1일 프랑스 파리에서 세 자매 중 둘째로 태어났다. 그 집안은 부르주아 계급으로 여러 세대 동안 상업으로 상당한 부를 축적했는데, 아버지Ambroise-François Germain는 비단을 거래했다. 그는 1789년 프랑스 혁명이 발발했을 때, 제3계급의 대표로 선출되어 적극적으로 활동했다. 나중에는 프랑스 은행장이 됐으며, 1821년 95세의 나이로 죽었다.

제르맹은 정규 교육을 받은 적이 없지만, 독자적으로 수학과 과학 연구에 몰두했다. 가족, 친구, 학술계의 편견을 극복하고 유명한 수학자가 됐으며, 수론(특히 페르마의 마지막 정리), 탄성학 등에 중요하고 독창적인 공헌을 했다.

수학을 연구하게 된 경위

제르맹이 어렸을 때 수학에 특출한 재능을 보인 증거는 없다. 다만 13세였던 1789년, 동시에 발생한 우연한 사건들 덕분에 수학을 진지하게 연구하게 됐다.

몽튀클라

혁명으로 소란스럽던 당시에 제르맹은 집에 머무르면서 아버지의 서재에서 책을 읽으며 긴 시간을 보냈다. 어느 날 몽튀클라[1]의 《수학사》에서 아르키메데스의 죽음에 관한 이야기를 우연히 발견했다. 시칠리아에 있던 그리스

도시 국가인 시라쿠사 출신의 아르키메데스가 로마 침략에 대항해서 도시를 방어하고 적을 물리치기 위한 무기들을 고안했다는 사실과 그 도시가 기원전 212년 끝내 함락됐을 때 모래판 위에 기하학적 도형을 그리고 연구에 몰두하던 중에 로마 병사에 의해 죽임을 당했다는 사실을 그 책을 통해 알게 됐다. 이 이야기는 제르맹을 매우 감동시켰다. 수학은 주위의 모든 상황을 완전히 잊게 할 정도로 인간의 정신을 열중시킬 수 있는 도구였다. 실제로, 이 강력하고 매력적인 학문은 당시 몹시 혼란스러운 도시 속에서 그녀에게 안전한 도피처를 제공했다. 그녀는 수학을 연구하기로 결심했다.

독학

여성이 수학과 정밀 과학 분야의 정규 교육을 받고 연구하게 된 것은 매우 최근의 일이다. 얼마 전까지만 해도 이런 분야에서 여성의 참여는 환영받지 못했고, 실제로 기회도 주어지지 않았다. 이런 상황은 수학사에 반영되어 있는데, 고대 그리스 말기부터 20세기 초까지 뛰어난 여성 수학자는 겨우 다섯 명 정도 꼽을 수 있을 뿐이다. 즉, 히파티아, 아그네시, 제르맹, 코발레프스카야, 뇌터 등이다. 오늘날 여성 해방과 남녀 평등에 대한 인식으로 뛰어난 여성 수학자가 점점 더 많이 배출될 것으로 예상된다.

제르맹은 학교 교육을 받을 수 없었을 뿐만 아니라, 부모도 제르맹이 책을 읽지 못하도록 불도 켜주지 않았고 밤늦도록 공부하지 못하게 난방도 하지 않았으며 옷도 주지 않았다. 그렇지만 그녀는 스스로 라틴어와 그리스어를 터득했고, 부모가 잠든 뒤에 담요를 뒤집어쓰고 뉴턴과 오일러의 책을 읽었다. 결국 부모는 제르맹의 공부에 반대하지 않게 됐고, 그녀가 결혼도 하지 않고 직

❶ Jean Étienne Montucla(1725~1799), 프랑스의 수학사학자

업도 얻지 못했지만 평생 재정적인 도움을 주었다.

▣ 필명 르 블랑

당시에 신설된 에콜 폴리테크니크는 여성을 받아들이지 않았다. 그렇지만 제르맹은 여러 교수의 강의록을 입수할 수 있었다. 그녀는 라그랑주의 새로운 해석학에 자연스럽게 관심을 가졌는데, 학기말에 학생들이 연구 결과를 교수에게 제출하는 기회를 이용해서 자신의 연구 결과를 '르 블랑Antoine-August Le Blanc'이라는 필명으로 제출했다. 라그랑주는 이를 칭찬했으며, 제출자의 정체를 확인한 뒤에는 그녀를 수학적으로 도와주었다. 이에 제르맹은 자신을 수학자로 생각하게 됐다.

제르맹은 르장드르가 1798년에 출판한 수론에 관한 책에서 제기한 문제를 해결한 것을 계기로, 르장드르와 서신을 교환하면서 공동으로 연구하기도 했다.

1801년 가우스의 《수론 연구》가 출판됐다. 이를 읽은 제르맹은 1804년 자신의 산술 연구 결과들을 가우스에게 보내서 그와 편지를 주고받기 시작했다. 이때도 그녀는 르 블랑이라는 필명을 또다시 사용했다. 여러 통의 편지를 주고받으면서 가우스는 르 블랑의 총명함에 크게 감명 받았다. 1806년 프랑스가 가우스의 고향 브라운슈바이크를 점령했는데, 제르맹은 아르키메데스와 같은 불행한 일이 가우스에게 일어날까 고심했다. 그녀는 이를 방지하기 위해서 가족을 통해 알고 있던 프랑스 장군 페르네티Joseph Marie Pernety에게 가우스의 안전을 부탁했고, 이를 통해 르 블랑의 정체가 알려졌다. 가우스는 학문적으로 서신을 주고받은 사람이 여성임을 알았는데도 그녀를 칭찬하는 데 주저하지 않았다.

리브리

1820년대와 30년대에 파리의 지식인 사회에서 불명예스러운 역할로 악명이 높았던 리브리G. T. Libri-Carrucci라는 사람이 있었다. 고상하고 귀족적인 이탈리아 사람으로 피사 대학의 교수였다. 그는 르장드르와 가우스의 수론을 연구했고, 1820년에 이 주제에 관한 논문을 발표했으며, 이를 프랑스 과학원에 보냈다. 파리로 간 그는 젊고 유망한 수학자로서 학술계로부터 크게 환영을 받았다. 나중에는 사기꾼으로 밝혀지지만, 그 전에 그는 과학원 회원으로 선출됐다. 그리고 코시 및 리우빌과의 경쟁을 뚫고 콜레주드프랑스Collège de France의 교수로 임명됐다. 또, 광적인 도서 수집가로 알려지면서 왕의 임명으로 도서관 최고 조사관이 됐다. 그런데 이것이 그를 파멸의 길에 들어서게 했다. 그는 조사를 핑계삼아서 프랑스의 국립 공문서 보관서와 도서관에서 값진 도서와 논문들을 훔쳤다. 그 사실이 발각되자 영국으로 도주했고, 훔친 물건을 팔아서 연명했다. 프랑스에서는 모든 직위를 박탈했으며, 그에게 10년의 실형을 선고했다.

제르맹은 리브리를 1824년에 파리에서 처음 만났다. 그들은 수론에 대한 관심사를 공유했지만, 그들의 관계는 수학 이상으로 급속히 확대됐다. 리브리는 그녀가 죽었을 때 사망 기사를 썼는데, 이것이 그녀의 삶에 대한 주요한 정보원이다.

가우스 Johann Carl Friedrich Gauss

1777~1855

가우스는 1777년 4월 30일 독일 브라운슈바이크에서 태어났다. 아버지Gerhard Dietrich Gauss는 부지런한 노동자였는데, 아들에게 적절한 교육의 필요성을 거의 느끼지 못했다. 그러나 어머니Dorothea Benze는 정규 교육을 받지 못했지만 아들의 교육을 위해 최선을 다했다. 가우스는 15세 때 브라운슈바이크 공작 볼펜뷔텔Wolfenbüttel의 재정적인 도움으로 브라운슈바이크에 있는 중등학교에 입학했고, 3년 뒤 1795년에는 괴팅겐 대학에 입학했다. 학위를 받지 않고 1798년 괴팅겐을 떠났는데, 1799년에 헬름슈테트 대학에서 대수학의 기본 정리에 관한 논문으로 박사 학위를 취득했다.(파프[1]가 논문 지도 교수였다.) 공작의 계속적인 지원 덕분에, 그 뒤에도 직장을 찾지 않고 연구에만 몰두했으며, 1801년에 그 유명한 책 《수론 연구Disquisitiones arithmeticae》를 출판했다.

1806년에 볼펜뷔텔 공작이 전사했다. 이에 가우스는 1807년 괴팅겐으로 가서 여생을 수학교수 겸 천문대장으로 일하면서, 괴팅겐 대학을 오랫동안 수학의 메카 역할을 하게 만들었으며, 수학자들의 선망의 대상이 되게 했다. 그는 독일을 떠난 적이 없었다.

가우스는 믿을 수 없을 정도로 재능이 풍부한 수학자였지만, 상대적으로 매

[1] Johann Friedrich Pfaff(1765~1825), 헬름슈테트 대학과 할레 대학의 교수를 역임했고 미분 방정식, 특수 함수, 급수 이론을 연구했다.

우 적은 수의 논문과 책을 발표했다. 그러나 그가 발표한 논문과 책은 질적인 면에서 최고였으며 수학적으로 우아하게 쓰였고 깔끔하게 마무리됐다. 그는 19세기의 가장 위대한 수학자며, 통상 아르키메데스 및 뉴턴과 함께 역사상 가장 위대한 세 명의 수학자로 꼽힌다. 1855년 2월 23일 괴팅겐에서 죽었다.

가우스의 어린 시절

수학의 신동

가우스는 아주 어렸을 때부터 수를 다루는 놀라운 재능을 보였고, 겨우 2세 때 '신동' 으로 불렸다. 이 소년의 비범한 능력을 예시하는 두 가지 이야기가 자주 인용되고 있다.

하나는 다음과 같다. 어느 토요일 저녁 가우스의 아버지는 자신이 여름에 시공하고 있던 벽돌 쌓는 사업에 고용한 노동자들의 주급을 계산하고 있었다. 아버지는 세 살 된 아들이 주의를 집중해서 계산 과정을 따라가고 있는 것을 전혀 눈치채지 못했다. 그래서 계산이 끝났을 때 어린 아들이 계산이 잘못 됐고 이러저러해야 한다고 말했을 때 몹시 놀랐다. 점검해본 결과 아이가 옳았음이 밝혀졌다. 그래서 그 뒤 토요일 저녁마다 어린 가우스는 높은 의자에 앉아서 아버지의 계산을 도왔다. 가우스는 나중에 이 이야기를 즐겨 들려주었고, 자신은 말하기 전에 계산할 수 있었다는 농담을 종종 했다.

다른 이야기는 가우스가 약 10세 때 학교에 다니던 시절로 거슬러 올라간다. 뷔트너Büttner 교사는 산술 첫 시간에 학생들에게 1부터 100까지 쓰고 그것을 모두 더하게 했다. 학생들은 문제를 석판에 푼 다음 교사의 책상 위에 올려놓는 것이 당시의 전통이었다. 뷔트너 교사가 문제를 거의 다 말하지도 않았을 때, 어린 가우스는 자신의 석판을 교사의 책상 위에 올려놓았다. 가우스가 깍지를 끼고 앉아 있는 동안 다른 학생들은 문제를 풀려고 애를 쓰고 있었다. 정해진 시간이 지났을 때 석판들을 훑어본 뷔트너 교사는 가우스만이 정확한 답을 얻은 사실을 발견했다. 문제를 어떻게 풀었냐는 질문에 가우스는 다음과 같이 설명했다. "100+1=101, 99+2=101, 98+3=101, … 등이 됩니다. 그리고 100개의 수로 이렇게 50쌍으로 만들 수 있습니다. 그래서 답은 50×101, 즉 5050입니다."

재능을 인정받은 가우스는 그 뒤 뷔트너 교사와 수학 보조 교사 바르텔스[2]의 특별 지도를 받았으며, 두 사람의 도움으로 1788년부터 김나지움에서 공부했다.

희미한 불빛

가우스의 아버지는 추운 겨울 밤에는 조명과 난방비를 절약하기 위해서 가우스와 형 게오르크Georg를 일찍 침실로 보냈다. 가우스는 회중 시계를 들고 다락방으로 올라갔다. 시계 안쪽을 움푹하게 만들고 거친 목화를 말아 심지를 만들고는 기름을 연료로 사용해서 희미한 불빛을 밝혔다. 그리고 이런 불빛으로 추위와 피로에 지쳐 침대에 들 때까지 밤늦도록 공부했다.

은인을 만나다

어느 날 브라운슈바이크 공작 부인은 저택 뜰에서 열심히 책을 읽고 있던 어린 가우스와 우연히 마주쳤는데, 어린 소년이 자신이 읽고 있는 내용을 완전히 이해하고 있음을 알고는 대단히 놀랐다. 이 사건의 진상을 알게 된 공작

[2] Martin Bartels(1769~1833), 나중에 로바체프스키와 관련해서 다시 등장한다.

은 심부름꾼을 가우스 집에 보내어 그를 저택으로 초대했다. 심부름꾼은 가우스 집에 도착해서는 처음에는 가우스의 형 게오르크를 초청하는 것이라고 잘못 생각했다. 게오르크는 계속해서 울면서 끈질기게 저항했다. 그 뒤 게오르크가 아니라 가우스를 초청했다는 사실이 밝혀졌다. 저택을 방문한 가우스에게 감동을 받은 브라운슈바이크 공작 볼펜 뷔텔은 친절하게도 소년의 교육에 필요한 돈을 지원하겠다고 약속했다.

가우스가 세계적인 명성을 얻고 게오르크는 평범한 노동자가 된 뒤, 게오르크는 다음과 같이 말하곤 했다. "만약 내가 공작의 저택에 갔더라면, 나는 지금 교수가 되어 있을 것이다. 내가 먼저 초청 받았지만, 그 저택에 가고 싶지 않았었다."

거의 잃을 뻔한 천재

아르키메데스와 뉴턴은 큰 명성을 얻기 전에 목숨을 잃을 뻔한 사건이 있었다. 이런 사건이 가우스에게도 아주 어렸을 때 발생했다. 그의 집 옆을 흐르는 수로가 봄 홍수로 범람했는데, 가우스는 물가에서 놀고 있다가 물 속으로 빠졌다. 마침 그 순간 그곳을 지나던 어떤 노동자가 그를 익사 직전에 구출했다.

가우스의 연구

수학을 선택한 이유

가우스는 어렸을 때부터 수학을 대단히 좋아했다. 그렇지만 수학 연구를 자신의 평생 과업으로 선택하게 된 경위는 확실하지 않다. 왜냐하면 그는 여러 나라 언어를 구사하는 데 천부적인 재능도 있었고 이에 언어 연구를 심각하게 고려했기 때문이다. 그렇지만 괴팅겐 대학을 다니던 1796년 3월 30일에 발생한 사건은 가우스가 수학을 선택하는 데 결정적인 역할을 했다.

가우스는 20세가 되기 꼭 한 달 전인 바로 그 날, 변의 개수가 소수 p인 정다각형이 자와 컴퍼스만으로 작도 가능하기 위한 필요 충분 조건은 p가 $2^{2^n}+1$ 꼴의 페르마 소수라는 놀라운 사실을 발견했다. 그런데 고대 그리스 사람들은 변의 개수가 3, 4, 5, 6, 8, 10, 15인 정다각형을 자와 컴퍼스만으로 작도하는 방법을 발견했다. 공식 $2^{2^n}+1$에 $n=0$과 1을 대입하면 각각 소수 3과 5를 얻는데, 이는 그리스 사람들이 이미 알고 있던 사실이었다. $n=2$를 대입하면 소수 $p=17$을 얻는다. 이에 따라 가우스는 정17다각형이 자와 컴퍼스만으로 작도 가능하다는 사실을 밝혔는데, 이는 그리스 사람들이 알고 있던 사실이 아니다. 가우스는 이 발견을 대단히 자랑스럽게 생각했고, 이것 때문에 언어학 대신에 수학을 평생의 과업으로 선택했다고 한다.

아르키메데스와 같이, 가우스는 정17각형을 자신의 묘비에 새겨달라고 요청했다는 이야기가 있다. 비록 그의 요구는 받아들여지지 않았지만, 가우스를 기리기 위해 그의 고향 브라운슈바이크에 세운 기념비에서 이런 다각형을 찾아볼 수 있다.

▣ 과학 일기

가우스는 자와 컴퍼스만을 이용한 정다각형의 작도 가능성을 발견한 바로 그 날부터 '과학 일기Notizenjournal'를 쓰기 시작했다. 146개의 항목으로 이루어진 이 과학 일기는 수학사에서 매우 가치 있는 자료다. 왜냐하면 이것은 가우스가 독자적으로 발견했지만 다른 사람보다 종종 몇 년 뒤에 발표한 많은 심오한 결과를 얼마나 먼저 얻었는지를 보여주기 때문이다.

이 일기의 첫째 항목은 정다각형에 관한 발견의 기록이다.

1796년 7월 10일자 항목은 다소 모호한데, 다음과 같다.

$$\Sigma\Upsilon PHKA!\ num=\Delta+\Delta+\Delta$$

여기에서 아르키메데스의 의기양양한 '발견했다' 라는 외침의 메아리와 모든 자연수는 세 개의 삼각수의 합으로 나타낼 수 있다는 축약된 문장을 얻는다. 이것은 요행으로 풀 수 있는 쉬운 문제가 아니다.

1797년 3월 19일자 항목은 (20세도 채 되지 않았던) 가우스가 이미 당시에 어떤 타원 함수의 겹주기성을 발견한 사실을 보여주며, 그 뒤의 어떤 항목은 일반적인 경우에 대한 겹주기성을 인지하고 있었음을 보여준다. 만약 가우스가 발표했다면, 이 발견만으로도 그는 수학에서 큰 명성을 얻었을 것이다. 그러나 가우스는 이것을 결코 발표하지 않았다!

▣ 소행성 케레스

1500개가 넘는 소행성이 있는데, 이들 중 대부분은 화성과 목성의 궤도 사이에 있다. 이 중에서 최초로 발견됐고 가장 큰 것이 케레스Ceres인데, 지름이 약 756킬로미터에 이르며 달의 약 $\frac{1}{5}$에 해당한다. 가장 작은 소행성의 지름은 1.6킬로미터도 채 안 된다.

케레스는 1801년 새해 첫날 팔레르모에서 이탈리아의 천문학자 피아치[3]가 발견했는데, 서쪽 하늘로 사라질 때까지 6주일의 짧은 기간 동안에 몇 번 관찰됐다. 천문학자들은 이것이 동쪽 하늘에서 다시 나타나기를 기다렸지만, 세밀한 조사에도 불구하고 발견할 수 없었다. 가우스는 케레스에 대한 빈약한 관

[3] Giuseppe Piazzi(1746~1826)

찰 결과로부터 이 소행성의 전체 궤도를 계산했는데, 그 결과 독일의 뛰어난 천문학자이며 물리학자인 올베르스[4]는 1802년 1월 1일 케레스를 다시 발견할 수 있었다. 이 수학 계산은 가우스가 평생 동안 이룩한 어떠한 업적보다도 더 큰 명성을 얻게 했다. 이것은 또한 가우스와 올베르스 사이의 긴 우정을 시작하게 만들었으며, 올베르스가 가우스를 새로 건립될 괴팅겐 천문대장으로 추천하게 했다.

이 이야기에 등장한 세 사람은 그 뒤에 천체 목록에서 영예를 얻게 된다. 1000째, 1001째, 1002째로 발견된 소행성의 이름이 각각 피아치아Piazzia, 가우시아Gaussia, 올베르시아Olbersia이기 때문이다.

복소 평면

1806년 〈기하학적 작도에서 허수 양의 표현을 위한 한 가지 방법에 관한 소론〉[5]이라는 제목의 논문이 출판됐는데, 여기에는 현재 친숙하게 된 복소수와 평면의 점 사이의 일대일 대응이 최초로 분명하게 서술되어 있다. 이 논문의 저자는 아르강[6]인데, 그는 스위스 제네바에서 태어난 부기 계원이었다. 그래서 자연스럽게 복소 평면이 '아르강 평면'이라 불리게 됐다.

오랜 세월이 흐른 뒤인 1897년, 한 골동품 수집가가 덴마크의 오래된 굴뚝 속에서 〈벡터의 해석학적 표현에 대해〉[7]라는 제목의 논문을 발굴했다. 이 논문에는 복소수와 평면의 점 사이의 대응이 명백하게 설명되어 있다. 이 논문은 1797년 덴마크 왕립 과학원에 제출됐고 1799년 이 학회의 《회보》에 게재됐

[4] Heinrich Wilhelm Matthias Olbers(1758~1840)
[5] Essai sur une manière de représenter les quantités imaginaires dans les constructions géométriques
[6] Jean Robert Argand(1768~1822)
[7] Om Directionens analytiske Betregning

다. 이 논문은 카스퍼 베셀[8]이 썼는데, 그는 노르웨이 요스루드Josrud에서 태어난 측량사였다. 베셀의 논문은 최초로 출판되고 100주년이 됐을 때 유럽의 어떤 유명한 잡지에 다시 게재됐다. 그래서 중부 유럽의 수학자들은 베셀이 아르강보다 약 9년 앞섰다는 사실을 알게 됐다.

그 뒤의 역사 연구를 통해 가우스는 이런 표현을 베셀보다도 앞서 알고 있었다는 사실이 밝혀졌다. 이런 발상은 가우스가 1799년에 발표한 박사 학위 논문에서 분명히 찾아볼 수 있다. 그래서 오늘날 많은 수학자는 복소 평면을 '가우스 평면'이라 부르고 있다.

최초의 비유클리드 기하학과 관련해서 볼리아이, 로바체프스키, 가우스 등에 관한 이와 유사한 이야기가 있다.

신성모독

1799년 7월 16일, 가우스는 대수학의 기본 정리에 대한 최초의 엄밀한 증명이 들어있는 유명한 논문으로 헬름슈테트 대학에서 박사 학위를 취득했다. 이 주제는 다른 내용과 함께 그의 유명한 책 《수론 연구》로 1801년 9월 29일 출판됐다.

박사 학위를 취득한 지 정확하게 50년이 지난 뒤인 1849년 7월 16일, 가우스는 괴팅겐 대학에서 50주년 기념 행사를 가졌다. 가우스는 행사의 일부로 《수론 연구》 원본의 일부에 불을 붙였다. 행사에 참석하고 있던 디리클레는 자신에게는 신성모독으로 느껴지는 이런 행동에 깜짝 놀랐다. 그는 대담하게 가우스의 손에서 책을 빼앗아 평생 동안 기념품으로 간직했는데, 그가 죽은 뒤에 편집자들이 그의 논문 속에서 그것을 발견했다.

[8] Casper Wessel(1745~1818)

곡면의 성질

곡면을 두 가지 방법으로 관찰할 수 있다. 즉, 곡면은 공간 도형의 경계로 볼 수도 있고 독립적인 이차원 막으로 볼 수도 있다. 첫째 경우는 건축 기사가 곡면을 보는 방법이고, 둘째 경우는 측량 기사가 곡면을 보는 방법이다. 첫째 관점은 곡면의 성질을 연관된 주위 환경과 결부시켜 연구하도록 유도하고, 둘째 관점은 주위 환경과 독립적으로 곡면의 성질을 연구하도록 유도한다. 첫째 경우의 성질을 곡면의 '상대적 성질' 이라 부르고, 이런 연구 분야를 곡면에 대한 '외재적 기하학' 이라고 부른다. 둘째 경우의 성질을 곡면의 '절대적 성질' 이라 부르고, 이런 연구 분야를 곡면의 '내재적 기하학' 이라고 부른다.

초기에 곡면의 미분 기하학에 공헌한 두 명의 위대한 수학자 몽주와 가우스는 각각 곡면을 기본적으로 공간 도형의 경계와 독립적인 이차원 막으로 보았다는 점이 흥미롭다. 몽주는 군사 요새를 만드는 건축 기사로 주목을 받았으며, 가우스는 측지학과 측량술에서의 업적으로 주목을 받았다.

호헨하겐 탑과 일광 반사기

1818년 가우스는 하노버 공국의 측량을 의뢰받았는데, 이 과제를 완수하는데 7년이 걸렸다. 실질적인 삼각 측량은 1821년과 1823년 사이에 이루어졌다.

가우스를 위한 가장 인상적인 기념물은 호헨하겐 산에 세워진 '가우스 탑' 이다. 이것은 하노버 측량에서 대단히 중요했던 브로켄-호헨하겐-인젤스베르크Brocken-Hohenhagen-Inselsberg 삼각형의 한 꼭지점을 지시하고 있다. 현무암으로 세워지고 붉은 타일로 지붕을 덮은 이 탑은 지면에서 3.6킬로미터에 달하는데, 방문객에게 주위 경관을 살펴볼 수 있는 훌륭한 전망대 역할을 한다. 탑 안에는 약간의 유품과 천문학 기구와 측량 도구, 에벨라인[9]이 조각한 가우스의 반신상 등을 전시한 방이 하나 있다.

가우스는 측량과 관련된 연구를 통해 일광 반사기를 발명했는데, 이를 매우 자랑스럽게 생각했다. 일광 반사기를 처음 실험한 날, 먼 거리에서 반사된 빛이 처음으로 도착했을 때 모인 군중들이 기쁨에 넘쳐서 크게 환성을 질렀다는 이야기를 즐겨했다.

가우스 · 베버 기념비

가우스는 1831년 괴팅겐 대학 물리학 교수로 임명된 베버[10]와 공동으로 6년 동안 전기학과 자기학에 대한 기초적인 연구를 시작했다. 두 과학자가 전자기 전신 전보를 고안한 것은 1833년이었다.

이 발견은 하르처[11]가 설계하고 1899년 괴팅겐 대학 구내에 세운 훌륭한 상으로 영원히 기념하고 있다. 원통형의 토대 위에 세운 이 기념상은 앉아 있는 가우스와 서 있는 베버가 전신 전보에 대해 논의하고 있는 모습을 분명히 보여준다. 이 기념비는 성대한 기념식과 함께 제막됐다. 이 기념비의 유일한 실수는 두 사람의 나이가 거의 같은 것처럼 보인다는 점이다. 실제로, 가우스는 베버보다 27세 더 많았다.

외국어 습득

가우스는 여러 외국어를 대단히 빠르게 익혔는데, 단순한 취미 이상이었

[9] Gustav Heinrich Eberlein(1847~1926), 독일의 조각가, 화가, 작가

[10] Wilhelm Eduard Weber(1804~1891), 독일의 물리학자. 할레 대학에서 1826년에 박사 학위를 받고 가르치다가, 1831년에 괴팅겐 대학 물리학 교수가 되어 가우스와 6년 동안 공동 연구했다. 1837년 괴팅겐 7교수 사건으로 교수직을 물러난 뒤 1843년에 라이프니츠 대학 물리학 교수가 됐다가, 1848년 괴팅겐 대학에 복직했다.

[11] Carl Ferdinand Hartzer(1838~1906), 독일의 조각가

다. 그는 나이가 들어가자 자기 머리의 유연성을 시험해 보는 방법으로 새로운 외국어를 습득했는데, 정신을 젊게 유지하는 가치 있는 연습으로 간주했다. 62세 때 러시아어를 혼자 집중적으로 배우기 시작했는데, 2년 뒤에 러시아 글을 완벽하게 읽고 유창하게 말할 수 있었다.

가우스의 성격과 주장

발견의 조건

가우스는 어떻게 가치 있는 연구 결과를 많이 발견했냐는 질문을 받고는 다음과 같이 대답한 적이 있다. "다른 사람도 수학 문제에 대해 나와 같이 깊이 생각하고 계속해서 숙고한다면, 내가 발견한 사실을 역시 발견할 수 있을 것이다."

뉴턴은 새로운 사실을 발견한 방법에 대한 위와 비슷한 질문을 받고는 "그것에 대해 항상 생각함으로써"라고 대답했다. 위대한 사람들의 놀라운 성취는 주어진 문제에 대해 오랫동안 집중할 수 있는 능력에 있다는 설명은 의심할 바 없는 사실로 보인다.

발견의 원리

가우스는 몇 년 동안 증명하려고 시도했지만 성공하지 못했던 어떤 정리에 대해 다음과 같이 이야기한 적이 있다. "드디어 이틀 전에 나의 노력이 아닌 신의 은총으로 성공하게 됐다. 갑작스러운 섬광과 같이 수수께끼가 풀렸다. 내가 이미 알고 있던 사실과 나의 성공을 가능하게 만든 것 사이를 연결하는 통로가 무엇인지를 나는 설명할 수 없다."

가우스는 통찰력이 있는 어떤 영감이 떠올랐던 또 다른 경우에 다음과 같이 탄성을 지른 적이 있다. "나는 결과를 얻었다. 그렇지만 어떻게 얻었는지는 알 수 없다."

결과보다는 과정

가우스는 자신이 발견한 훌륭한 결과를 발표하지 않은 경우가 여러 번 있었다. 왜 발표하지 않았을까?

이에 대해 볼[12]은 매력적인 책 《간추린 수학사》에서 다음과 같이 설명하고 있다. 가우스는 그의 최초의 걸작 《수론 연구》의 많은 부분을 연구 논문으로 프랑스 과학원에 제출했지만, 이상하게도 거절당했다. 가우스는 모욕감을 느끼고 크게 실망했기 때문에, 형식과 내용에서 어떠한 비평도 받지 않을 만한 논문 이외는 절대로 발표하지 않겠다고 결심했다.

그런데 이렇게 명예를 손상당한 사건이 결코 존재하지 않았다는 사실이 밝혀졌다. 1935년 프랑스 과학원 간부들은 과학원의 기록을 철저히 조사해서 《수론 연구》가 제출된 적이 없었다는 사실을 확인했다.

가우스가 많은 결과를 발표하지 않은 진짜 이유는 무엇일까? 그가 1808년 9월 2일 친구 파르카스 볼리아이에게 보낸 다음과 같은 편지에서 실마리를 찾을 수 있다.

> 가장 큰 기쁨을 주는 것은 지식이 아니라 배우는 행위이며, 소유가 아니라 얻는 행위이다. 나는 어떤 주제를 철저히 연구해서 명확하게 이해하면, 그것을 내팽개쳐 버리고

[12] Walter William Rouse Ball(1850~1925), 영국의 수학사학자로, 트리니티 대학에서 가르쳤으며 《간추린 수학사(A short account of the history of mathematics, 1888)》와 《수학적 오락 및 소론(Mathematical Recreations and Essays, 1892)》을 썼다.

또다시 어둠 속에 빠진다. 이상하게도 결코 만족스럽지가 않다. 건물을 완성하고는 평화롭게 살려고 하지 않고 또 다른 것을 생각하기 시작한다. 하나의 왕국을 가까스로 정복한 뒤에는 다른 왕국으로 손을 뻗치는 세계의 정복자들이 느끼는 것과 같은 그런 상황을 나는 상상한다.

이렇게 가우스는 수학적 · 과학적 연구를 단지 내부의 열망에 따라 했으며 다른 사람에게 알리기 위해 발표하는 것은 이차적인 문제라고 생각했을 것으로 여겨진다.

사실 가우스만이 아니라, 많은 수학자가 문제 또는 연구에 대한 답을 얻자마자 곧 그에 대한 흥미를 상실한다고 말했다. 불행하게도, 이런 '환멸' 은 통상 결과를 기록해야 할 시간과 일치한다. 분명히, 흥미와 관심은 풀이 과정에 있으며, 결과의 기록에 있지는 않다.

슈타이너

스위스 · 독일의 천재 기하학자 슈타이너[13]는 기하학적 성질을 대단히 빠른 속도로 발견했지만 종종 이에 대한 증명을 기록하는 지루함을 견디지 못했다. 그래서 많은 훌륭한 발견을 후계자들이 증명하도록 수수께끼로 남겼다.

가우스의 좌우명

가우스는 과학 저술에서 완벽주의를 추구했다. 성당은 건축할 때 사용한 발판이 제거될 때까지는 성당이 아니라고 주장하면서, 결과를 얻는 데 사용했던 분석의 흔적들을 제거해서 자신의 글을 완벽하고 간결하며 세련되고 설득력 있게 만들려고 노력했다. 이에 따라 그는 자신을 나타내는 문장으로 단지

[13] Jacob Steiner(1796~1867), 하이델베르크와 베를린 대학에서 공부하고, 1834년부터 죽을 때까지 베를린 대학 교수를 지냈다. 사영 기하학에 크게 공헌했는데, 대수학과 해석학은 싫어했다.

두어 개의 과일만을 매달고 있는 나무를 채택했고, '적지만 완벽하게Pauca sed matura'라는 좌우명을 적어 놓았다.

가우스는 리어 왕[14]에 나타나는 다음과 같은 문장을 자신의 둘째 좌우명으로 삼았다.

> 자연은 나의 여신이다. 자연의 법칙에
> 나의 임무는 구속되어 있다. …

이에 따라 가우스는 수학적인 영감을 얻기 위해 반드시 현실 세계와 접촉하고 있어야 한다고 믿었다. 워즈워스[15]가 지적한 대로, "지혜는 우리가 몸을 세울 때보다 몸을 굽히고 있을 때 더 가까이 있다."

한편, 수학의 이론과 응용에 관한 가우스의 생각은, 그의 제자 뤼브센[16]이 쓴 고등 기하학 교과서의 머리말에 있는 다음과 같은 말에서 짐작할 수 있다. "존경하는 스승 가우스가 말한 대로, 이론은 자석이 쇠를 끌어당기듯이 실용을 유도한다."

回 문체의 비교

볼은 수학사 책에서 라그랑주와 라플라스 및 가우스의 문체를 다음과 같이 흥미롭게 비교했다.

라그랑주와 라플라스 및 가우스는 같은 시대에 활동한 현대 해석학의 위대한 거장들

[14] King Lear, 셰익스피어의 4대 비극 중 하나

[15] William Wordsworth(1770~1850), 영국의 시인

[16] H. B. Lübsen(1801~1864), 함부르크에서 수학을 개인 교수했다. 산술과 대수학을 독학할 수 있는 매우 성공적인 초등 교과서와 고등 기하학에 관한 교과서를 썼다.

이다. 그들의 문체에서 나타나는 두드러진 특징을 대조하는 것은 흥미로운 일이다. 라그랑주는 형식과 내용에서 모두 완벽하고 과정들을 세심하게 설명하는데, 그의 주장은 일반적이지만 따라가기는 쉽다. 반면에 라플라스는 아무것도 설명하지 않고 문체에도 무관심하며, 결과가 옳다고 생각되면 증명도 하지 않거나 틀린 채로 남겨두기도 한다. 가우스는 라그랑주만큼 정확하고 우아하지만 라플라스보다도 따라가기가 훨씬 힘들다. 왜냐하면 그는 자신의 결과에 도달한 모든 분석의 흔적을 제거해 버리고, 엄밀한 반면에 가능하면 간결하고 종합적인 증명을 제시하기 때문이다.

▣ 유감스러운 용어와 표기법

가우스는 복소수와 관련해서 사용하는 용어 '허수'가 유감스럽다고 생각했는데, 한 논문[17]에서 다음과 같이 말했다. "이 과목이 지금까지 잘못된 관점에서 고려됐고 신비스럽고 모호한 점이 많았던 이유는 주로 잘못 채택된 용어에 기인한다. 예를 들어, $+1$, -1, $\sqrt{-1}$을 양수positive, 음수negative, 허수imaginary 단위라 부르지 않고 앞으로direct, 뒤로inverse, 옆으로lateral 단위라고 불렀다면, 이런 모호함은 발생하지 않았을 것이다."

또, 가우스는 한 친구[18]에게 보낸 편지에서 $(\sin\theta)^2$을 위한 표현 $\sin^2\theta$에 대해 다음과 같이 불평했다. "라플라스가 이렇게 사용했지만, $\sin^2\theta$는 나에게 혐오감을 준다. … 그냥 $(\sin\theta)^2$으로 쓰고, $\sin^2\theta$라고 쓰지 말자. 왜냐하면 $\sin^2\theta$는 유추에 의해 $\sin(\sin\theta)$를 의미해야 하기 때문이다."

허셜[19]은 역삼각 함수로 $\sin^{-1}\theta$, $\tan^{-1}\theta$ 등의 기호를 사용했을 때, 이 기호가 $(\sin\theta)^2$을 나타내는 $\sin^2\theta$와 모순됨을 관찰했다. ddx와 $\Delta\Delta x$를 각각 d^2x와

[17] Theoria residiorum biquadraticorum
[18] H. C. Schmacher(1780~1850), 독일의 천문학자
[19] John Frederic William Herschel(1792~1871), 영국의 천문학자

$\Delta^2 x$로 나타내는 전통에 따라 $\sin^2\theta$는 $\sin(\sin\theta)$를 나타내고 $\log^2 x$는 $\log(\log x)$를 나타내야 한다고 주장했다. 이미 전통적으로 $\int V$를 $d^{-1}V$로 그리고 $\iint V$를 $d^{-2}V$로 표기하는 전통이 있기 때문에, 역함수에 대한 자신의 표기법을 정당화했다.

▣ 과학사에서 가장 불행한 사건

가우스는 아르키메데스를 한없이 존경했지만, 그가 위치 기수법(자릿수 체계)을 발견하지 못한 사실을 이해할 수 없었다. 아르키메데스의 이런 실패를 과학사에서 가장 불행한 사건으로 간주했으며, 다음과 같이 탄식했다. "만약 아르키메데스가 그것을 발견했다면, 과학은 현재 얼마나 고도로 발전했겠는가!"

가우스는 신기원을 이룩한 세 명의 수학자가 있는데, 그들은 아르키메데스, 뉴턴, 아이젠슈타인이라고 주장했다. 여기서 아이젠슈타인[20]은 오늘날 주로 '아이젠슈타인 기약 판정법' 으로 알려진 인물인데, 가우스는 어떤 이유에선지 그를 대단히 존경했다.

▣ 소설의 오류

가우스는 스콧[21]경의 책이 출판될 때마다 열심히 읽어댔다. 스콧은 어떤 소설에서 "달은 북서쪽의 넓은 범위에 걸쳐 떠오른다." 라는 천문학적인 실수를 저질렀다. 이 실수는 가우스를 상당히 자극했는데, 그는 여러 날 동안 자신이 발견할 수 있는 모든 책을 찾아서 교정하려고 쏘다녔다.

⑳ Ferdinand Gotthold Max Eisenstein(1823~1852), 독일의 수학자

㉑ Walter Scott(1771~1832), 스코틀랜드의 소설가 · 시인

부담스러운 교육

가우스는 1810년 1월 7일 천문학자인 친구 프리드리히 베셀[22]에게 보낸 편지에서 다음과 같이 썼다.

> 나는 이번 겨울에 세 명의 학생에게 두 과목을 가르치고 있습니다. 그 중 한 명은 단지 적당히 준비하고, 한 명은 적절하게도 준비하지 않으며, 나머지 한 명은 능력도 없을 뿐만 아니라 준비도 하지 않고 있습니다. 이것이 수학 교수라는 직업의 짐입니다.

어느 날 가우스는 괴팅겐 거리를 비틀거리며 걷고 있는 학생과 마주쳤다. 가우스가 접근하자, 학생은 똑바로 걸으려고 노력했지만 쉽게 성공하지는 못했다. 가우스는 그를 매서운 눈으로 쳐다보고 손가락을 펴고는 말했다. "젊은 친구, 나는 훌륭한 괴팅겐 맥주가 자네를 취하게 만드는 만큼 과학이 자네를 도취시켰으면 좋겠네."

동정 거부

프랑스는 1806년 독일을 점령한 뒤, 가난한 사람들이 감당할 수 없을 정도로 많은 벌금을 주민들에게 부과했다. 가우스는 자신의 지불 능력을 훨씬 초과한 2000프랑의 돈을 나폴레옹의 전쟁 기금으로 납부하라는 명령을 받았다. 벌금 액수를 들은 천문학자 올베르스는 가우스와 같은 학자가 가혹한 착취를 당해야 하는 상황을 비통해하는 편지를 가우스에게 보내면서 그 속에 돈을 함께 보냈다. 가우스는 친구에게 관대함과 동정심에 고마움을 표시했지만 돈은 받지 않고 되돌려 보냈다.

[22] Friedrich Wilhelm Bessel(1784~1846), 독일의 천문학자

이런 일이 일어나고 얼마 지나지 않았을 때, 가우스는 프랑스의 유명한 수학자 라플라스로부터 짧지만 다정한 편지를 받았다. 그 편지에는 라플라스가 가우스의 2000프랑의 벌금을 대신 납부했고 그렇게 하는 것을 큰 영광으로 생각한다는 내용이 적혀 있었다. 라플라스가 파리에서 벌금을 납부했기 때문에, 가우스는 돈을 돌려보낼 수 없었는데도 끝내 그런 도움을 사양했다.

이런 일들로 가우스는 동정을 바라지 않는다는 소문이 퍼지게 된 것으로 보인다. 왜냐하면 가우스를 흠모하는 프랑크푸르트의 어떤 사람이 익명으로 가우스에게 1000길더를 보내주었기 때문이다. 가우스는 그 돈이 어디로부터 왔는지를 알 수 없었기 때문에 받을 수밖에 없었다. 그러나 그는 그 돈 중에서 2000프랑을 내어 이미 그를 위해 라플라스가 파리에서 대신 예치해 놓았던 돈을 갚았다.

보수주의자

영국의 왕이면서 하노버 공국의 왕이기도 한 윌리엄 4세[23]가 1837년에 사망하자 그의 조카딸 빅토리아[24] 여왕이 영국 왕위를 계승했다. 하지만 하노버 공국의 법률은 여성 통치자를 인정하지 않았고, 이에 따라 빅토리아 여왕의 숙부인 컴벌랜드Cumberland 대공이 하노버의 왕 에른스트 아우구스트 2세[25]가 됐다. 새 왕은 여러 포고령을 선포했는데, 그 중에는 괴팅겐 대학교 교수들이 (왕이 아니라) 헌법을 두고 선서한 것을 무효화한다는 내용도 있었다. 괴팅겐 대학의 교수들은 분노했고, 7명의 저명한 교수가 비난 성명을 발표했다(괴팅겐 7교수 사건). 7명의 교수 중에는 가우스와 친분이 두터운 베버와 맏사위인 에발

[23] William IV(1765~1837), 재위 1830~37. 조지 3세의 셋째 아들로 형 조지 4세가 죽자 왕위를 계승했다.
[24] Victoria(1819~1901), 조지 3세의 4남의 딸, 하노버 왕조 제6대 영국 여왕(재위 1837~1901)
[25] Ernst August II(1771~1851), 조지 3세의 5남, 하노버 국왕(재위 1837~1851)

트Heinrich Ewald도 포함되어 있었다. 왕은 교수를 무용단의 발레리나를 구하듯 쉽게 고용할 수 있다며 7인의 교수를 괴팅겐에서 쫓아냈다.

가우스에게 베버는 단순한 동료 수학자 이상의 존재로 그에게는 친아들이나 다름없었다. 베버뿐만 아니라 사위와 함께 사랑하는 딸도 괴팅겐을 떠나야 했기에 가우스는 깊은 상실감에 빠졌다. 그러나 이 문제로 한창 논란이 벌어지고 있을 때, 가우스는 이들을 전혀 도우려 하지 않았다. 보수적 성향 때문에 왕의 권위에 도전하는 행위에 동참할 수 없었거나, 아니면 그저 정치적 문제에 끼어들고 싶지 않았던 것인지도 모른다. 이유야 어찌 됐든 가우스는 의리를 저버리고 국외자처럼 한발 비껴서 있었다.[26]

가우스의 집중력

가우스는 연구에 집중하면 다른 것에는 무심했음을 보여주는 다음과 같은 이야기가 있다.

가우스는 아내를 매우 사랑했는데, 아내가 심각한 병을 앓고 있었다. 그가 어떤 중요한 관찰을 하고 있었을 때, 하인이 아내의 병세가 악화되고 있다고 말했다. 가우스는 듣는 듯했지만, 연구를 계속했다. 잠시 뒤 하인이 다시 나타나서, 부인의 병세가 더욱 악화되고 있다고 말하면서 당장에 가봐야 한다고 재촉했다. 가우스는 "곧 가겠네."라고 말했지만 또다시 관찰에 몰두했다. 조금 뒤 하인이 세 번째로 나타나서 그녀가 죽어가고 있다고 말하면서, 만약 지금 당장 가지 않으면 아내를 볼 수 없을 것이라고 말했다. 가우스는 고개를 들어 조용히 대답했다. "그 사람에게 내가 갈 때까지 기다리라고 하게나."

---

[26] 조지 G. 슈피로 저, 심재관 역, 《케플러의 추측》, 영림카디널, 2004, pp. 181-182.

가우스의 가족과 동료

▣ 아들과 딸

가우스는 1805년 요한나Jahanna Osthoff와 결혼했는데, 곧 첫째 아들Joseph과 미나Minna라는 애칭으로 불린 딸 빌헬미네Wilhelmine를 낳았다. 요한나는 1809년에 아들을 낳고 죽었는데, 그 아들도 몇 달 뒤에 죽었다. 가우스는 요한나가 죽은 뒤 1년 내에 재혼했고, 둘째 부인Minna과의 사이에서 두 아들(Eugene, Wilhelm)과 딸Theresa을 얻었다. 둘째 부인은 1831년에 병으로 죽었다.

가우스는 아들들의 능력을 알아보고는, 그들이 수학을 전공하지 않기를 바랐다. 왜냐하면 어느 누구도 자신을 능가하리라고 확신하지 않았으며, 수학 분야에서 가우스라는 이름이 낮게 평가되는 것을 원하지 않았기 때문이다.

가우스의 첫째 아들은 잠시 동안 아버지의 조수로 일하다가, 군인이 됐다. 성공적인 경력을 쌓지 못한 그는 결국 철로 기사가 됐다. 다른 두 아들은 아버지와 마찰을 빚다가 모두 미국으로 이민을 떠나서, 세인트루이스 지역에 정착했다. 막내 딸만이 아버지의 곁을 지켰으며 그가 죽을 때까지 돌봐주었다.

가우스는 1855년 2월 23일 오전 1시 5분에 숨을 거두었다. 그가 거의 평생 동안 지니고 다녔던 주머니 시계도 거의 정확하게 같은 시간에 멈추었다고 한다.

▣ 사위 에발트

미나(빌헬미네의 애칭)는 1830년 에발트와 결혼했다. 에발트는 괴팅겐 대학에서 신학과 동양 언어들을 가르치던 젊은 교수였다. 에발트는 학문 이외의 문제에서는 믿을 수 없을 정도로 얼빠진 행동을 했는데, 결혼과 관련된 에피소드도 유명하다. 친구들은 에발트의 신부감으로 가우스의 두 딸 미나와 테레사가 가장 적합한 상대라고 추천했다. 에발트의 동의를 얻은 친구들은 두 신부감 중에서 한 명의 선택은 그에게 맡겼다. 이에 따라 가우스의 집에서 다과회가 열렸으며, 그 자리에서 두 딸은 각각 에발트에게 찻잔을 건네기로 했다. 에발트는 호감이 가는 신부감의 찻잔을 선택함으로써 의사를 표시하기로 했다. 다과회가 끝나고 돌아오는 길에, 이 행사를 주선한 친구들이 에발트를 축하했으며, 가우스는 미나에게 구혼한 에발트를 사위로 쾌히 받아들일 것이라고 말했다. 그러나 정작 에발트는 친구들이 하는 말을 이해하지 못했다고 한다. 왜냐하면 그는 친구들과 앞서 한 약속을 잊어버리고 처음 들어본다는 듯이 행동했기 때문이다.

그렇지만 에발트는 미나에게 정식으로 청혼했으며, 1830년 9월 15일에 결혼했다. 그런데 결혼식 날 에발트가 보이지 않았다. 요란스러운 수색 끝에 그가 책꽂이 앞 사다리 위에 있는 것이 발견됐다. 그래도 결혼한 뒤에 에발트와 미나는 모두 매우 행복해했으며, 가우스는 동료 교수 에발트를 사위로 삼은 것을 매우 기뻐했다.

미나는 매우 허약했다. 결국 1840년 8월 12일 32세의 나이에 결핵으로 사망했다. 몇 년 뒤 에발트는 재혼했으며 딸을 얻었다. 가우스는 그 아이를 자신의 손녀와 같이 대했다. 어느 날, 둘째 부인이 시장에 가고, 에발트가 갓난아이를 돌보게 됐다. 당시 그는 아랍 문법에 몰두해 있었다. 부인이 집에 돌아왔을 때, 아이가 보이지 않았다. 에발트 역시 아이를 어디에 뒀는지 기억하지 못해서 당혹스러워 했다. 그때 낑낑거리는 아이 소리가 옷장 서랍 속에서 들렸다. 분명히 에발트가 아이를 서랍 속에 넣었을 것이고, 아내가 없는 동안 그곳이 가장 안전한 장소라고 생각했을 것이다.

아들 오이게네

가우스의 자녀 중에서 가장 늦게까지 생존한 오이게네[27]라고 불린 넷째 아이는 85세까지 살았는데, 가우스의 자식 중에서 가장 뛰어났으며 특히 수학과 어학에서 재능을 보였다. 오이게네는 어렸을 때 어떤 문법 문제를 풀고 나서 기쁨에 겨워 아버지에게 자랑했다. 아버지는 눈을 반짝이며 다음과 같이 대답했다. "그렇고말고 내 아들아. 문제를 해결했을 때 얻는 즐거움은 매우 크단다. 그렇지만 수학 문제를 해결해서 얻는 즐거움과는 비교할 수 없단다."

오이게네는 아버지처럼 언어에 관심이 컸다. 어렸을 때 프랑스어를 거의 완벽하게 습득했다. 실제로 그가 나중에 미국에서 살 때 프랑스어를 유창하게 구사해서 종종 프랑스 사람으로 오인을 받기도 했다. 그가 미국 모피 회사에 근무할 때 수Sioux 인디언 말을 배웠는데, 폰드Pond라는 선교사가 성경을 수 인디언 말로 번역하는 작업을 도와줄 정도였다. 그가 죽기 1년 전인 1895년 자신의 평생 소원이 언어학 연구였다고 말했으며, 만약 유럽에 남아 있었다면 언어학 교수가 됐을 것이라고 말했다.

또, 오이게네는 위대한 아버지처럼 긴 산술 계산을 암산하는 것에서 큰 즐거움을 얻었다. 예를 들면, 그는 80세가 됐을 때 눈이 멀었지만, 연이율 4%로 1년마다의 복리로 1달러를 6000년 동안 저금했을 때의 총계를 암산했다.

자부심

어느날 가우스의 손자가 괴팅겐 천문대의 정원에서 놀고 있었다. 가우스는 아이에게 다가가서 물었다. "너는 커서 무엇이 되고 싶으냐?" 그러자 아이가 반문했다. "글쎄요, 할아버지. 할아버지는 무엇이 되고 싶으세요?" 늙은이는

[27] Peter Samuel Marius Eugenius Gauss

미소를 짓고 아이의 어깨를 가볍게 두드리며 대답했다. "얘야, 나는 벌써 대단한 사람이 됐단다."

대단한 사람이 된 가우스는 자신의 품위 유지에 꽤 신경을 썼다. 1806년 초에 평행선 공준에 대한 연구를 통해 비유클리드 기하학을 발견했다. 그렇지만 모든 사람이 어처구니없다고 생각할 그런 결과를 발표하면 자신의 명예가 손상될 것이라고 생각해서 발표하지 않았다.

동료 리벤트로프

가우스의 동료 중에는 괴팅겐 대학의 법학 교수 리벤트로프[28]가 있었다. 리벤트로프는 평생 독신으로 지냈으며 교정의 기인이었고 얼빠진 교수의 전형이었다. 가우스와 리벤트로프에 관한 몇 가지 재미있는 이야기가 전해지고 있다. 언젠가 리벤트로프가 괴팅겐 천문대에 있던 가우스의 집에서 열린 만찬에 초대받은 적이 있었다. 만찬이 끝났을 때, 맹렬한 폭우가 내리고 있었다. 천문대는 리벤트로프의 집에서 상당히 멀리 떨어져 있었기 때문에, 가우스는 그에게 자신의 집에서 하룻밤을 묵으라고 했다. 리벤트로프는 그렇게 하기로 했다. 그런데 곧 누구도 알아채지 못한 사이에 그가 사라지고 말았다. 얼마의 시간이 흐른 뒤 천문대의 현관 벨이 울렸고, 거기에는 비에 흠뻑 젖은 리벤트로프가 서 있었다. 그는 밤을 보내기 위해 취침 도구를 가지러 자기 집을 갔다온 것이었다.

1836년 11월 24일, 완전한 개기월식이 일어날 예정이었다. 가우스는 리벤트로프에게 천문대의 망원경을 통해 그 장면을 보여주겠다고 약속했다. 정해진 날 저녁에 비가 퍼부었기 때문에, 월식을 관찰하기가 불가능해졌다. 가우

[28] Georg Julius Ribbentrop(1798~1874)

스는 초청객이 나타나지 않을 것이라고 생각했다. 그래서 비에 흠뻑 젖은 리벤트로프가 현관에 홀연히 나타났을 때 가우스는 놀랄 수밖에 없었다.

"이 친구야, 이렇게 비가 오고 있을 때는 월식을 관찰할 수 없어." 가우스가 말했다.

"괜찮아. 하숙집 아주머니가 이번에는 우산을 챙겨주었어." 리벤트로프는 큰 우산을 자랑스럽게 펴보이며 대꾸했다.

조수 타이펠

광학 기계 제조업자 타이펠J. H. Teipel은 괴팅겐 천문대에서 가우스의 조수로 근무했다. 그의 임무는 방문객에게 천문대 내부를 보여주고 망원경을 통해 간단한 관찰을 하게 하며 천체를 개괄적으로 설명하는 일이었다. 어느 날 저녁, 한 무리의 방문객에게 행성들을 보여주고 있었을 때, 한 여자가 지구로부터 금성까지의 거리에 대해 질문했다. 타이펠이 대답했다. "부인, 저는 그것을 말할 수 없습니다. 가우스 교수가 천체의 '수' 들을 관리하고, 저는 하늘의 '아름다움' 에 대해서만 관심을 갖습니다."

수학의 왕자

세계에서 가장 위대한 수학자

1805년 프로이센의 프리드리히 빌헬름 3세[29]는 홈볼트[30]를 베를린 과학원의 회원으로 초청해서 과학원을 빛내고 싶었다. 홈볼트는 과학원에 자신이 그

[29] Frederick William III(1770~1840), 프로이센 왕(재위 1797~1840)

[30] Alexander von Humboldt(1769~1859), 독일의 지리학자

렇게 중요하지 않으며, 과학원에 새로운 명성을 줄 수 있는 유일한 사람은 가우스뿐이라고 대답했다. 1810년 4월 18일 가우스는 베를린 과학원의 회원으로 선출됐다.

괴팅겐 대학 졸업생이자 케임브리지 공작이었던 프리드리히Adolf Friedrich가 훔볼트에게 말했다. "괴팅겐 대학은 자주 비판을 받고 있지만, 도서관과 가우스가 있는 한 우리는 그 비판을 무시할 수 있다." 이에 대해 훔볼트는 다음과 같이 대답했다. "동의합니다. 그렇지만 전하에게 두 보물의 등급을 바꾸도록 요청하는 것이 저의 의무라고 생각합니다. 먼저 불릴 이름은 이 시대의 가장 뛰어난 수학자, 위대한 천문학자, 재치 있는 물리학자이어야 한다고 생각합니다."

훔볼트는 라플라스에게 독일에서 가장 위대한 수학자가 누구인지를 물어본 적이 있었다. 라플라스는 파프라고 대답했다. 이에 깜짝 놀란 훔볼트는 "그렇다면 가우스는 어떨까요?" 라고 되물었다. 라플라스가 말했다. "가우스는 세계에서 가장 위대한 수학자입니다."

한편, 가우스를 대단히 존경한 케일리는 다음과 같이 말했다.

> 가우스가 쓴 모든 것은 최고이다. 그가 논문에서 언급한 주제들이 현 단계까지 발전하는 데 그가 끼친 영향을 밝히는 것은 흥미로울 것이다. 그런데 이는 1800년부터의 수학사를 쓰는 것과 같다.

▣ 영국 해군성

다음은 드 모르간의 《역설 모음》에 실려 있는 이야기이다.

과학과 천문학에 관심이 컸던 런던의 증권 중개인 베일리[31]는 1835년 《최초의 천문대장 존 플램스티드 이야기》[32]라는 제목의 책을 썼다. 이 책은 영국 해군성이 배포하기 위해 출판됐고, 베일리는 배포 목록을 작성하는 임무를 위촉받았다. 책이 출판되기 바로 직전에, 이 책이 특별한 폭로 기사를 싣고 있다는 소문이 나서 많은 세도가들이 책을 확보하기 위해 해군성에 청탁을 했다. 해군성 간부들은 발행 부수가 충분하지 않아 난관에 봉착했다. 그래서 그들은 베일리의 배포 목록을 조사했는데, 목록에서 책을 받을 만한 자격이 없다고 생각되는 사람들의 이름을 추려냈다. 베일리가 소환됐다. 해군성 간부는 자격이 없다고 생각되는 사람에 대해 질문하면서 말했다. "자. 이제 목록을 살펴봅시다. 여기에 가우스라는 이름이 있습니다. 가우스가 누구입니까?" 베일리는 간부에게 가우스는 생존한 수학자 중 가장 위대한 사람이라고 알려주어야만 했다.

수학의 왕자

1855년 1월 10일, 하노버 왕의 명령에 따라서 궁정 조각가 헤세만[33]은 위대한 수학자의 큰 메달을 제작하기 위해서 가우스의 집을 찾아갔다. 당시 가우스는 병이 매우 깊었으며 오래 살지 못할 것이라고 예상됐다. 그런데 헤세만은 작업을 끝마치기도 전인 1856년 3월 29일 갑자기 죽었다. 그 뒤 그 메달은 하노버의 또 다른 조각가 돕메이어C. Dopmeyer가 완성했다. 그 메달은 나중에 괴팅겐의 성 알반스 공동 묘지St. Albans Ceremony에 있는 가우스의 무덤에 명판으로 부착됐다.

1855년 2월 23일 가우스가 죽은 바로 직후, 하노버의 왕은 가우스의 업적을 기리는 기념 메달을 만들라고 명령했다. 7cm 크기의 메달은 하노버의 유명

[31] Francis Baily(1774~1844)
[32] *An Account of the Rev. John Flamsteed, the First Astonomer-Royal*
[33] Heinrich Hesemann(1814~1856), 독일의 조각가

한 조각가이자 메달 제작자인 브레머[34]가 1877년에 완성했는데, 이것은 그 이전의 메달에 근거해서 제작됐다. 이 메달에는 다음과 같은 글이 새겨져 있다.

> Georgius V. rex Hannoverge Mathematicorum principi
> (하노버의 왕 게오르기우스 5세가 수학의 왕자에게)

그 이후로 가우스는 '수학의 왕자'로 불렸다.

가우스의 뇌

가우스가 죽은 뒤 유족의 허락을 받고 그의 두개골과 뇌의 크기와 무게를 세밀하게 측정했다. 그의 뇌는 현저하게 깊은 주름이 있었지만, 특별히 무겁거나 크지 않았다. 바이런[35], 퀴비에[36], 실러[37] 등의 뇌가 더 무거웠으며, 단테[38]의 뇌는 가우스의 뇌보다 가벼웠다. 위대한 수학자의 손자이자 콜로라도 신문 편집자인 로버트 가우스Robert Gauss는 죽은 뒤에 자기 뇌의 무게를 측정해달라고 유언을 남겼다. 그의 뇌는 유명한 할아버지의 뇌보다 3온스가 더 무거웠다. 가우스의 뇌는 디리클레의 뇌와 함께 괴팅겐 대학 생리학과에 보존되어 있다.

특이한 영예

1903년 뮌헨의 드리갈스키[39] 교수가 지휘한 독일의 남극 탐험대가 사용했

[34] Heinrich Friedrich Brehmer(1815~1889)
[35] George Gordon Byron(1788~1824), 영국의 시인
[36] George Leopold Chétien Frédéric Dagobert Cuvier(1769~1832), 프랑스의 박물학자로 고생물학 · 비교 해부학의 선구자
[37] Johann Christoph Friedrich von Schiller(1759~1805), 독일의 시인 · 극작가 · 역사가
[38] Dante(1265~1321), 이탈리아의 시인

던 세 개의 돛을 단 범선은 '가우스'라고 명명됐고, 이 탐험에서 발견된 화산 봉우리는 '가우스베르크Gaussberg'라고 명명됐다.

39 Erich von Drygalski(1865~1949), 독일의 지질학자 · 극지 탐험가

크렐레 August Leopold Crelle

1780~1855

크렐레는 1780년 3월 11일 독일 아이흐베르더Eichwerder에서 태어났다. 건설업자였던 아버지는 가난하여 아들을 제대로 교육시킬 수 없었다. 이에 크렐레는 거의 독학으로 토목 공학을 배웠고, 프로이센 내무부의 건설 부분에서 일했다. 도로의 설계와 시공에 종사했으며, 독일 최초의 철도(베를린과 포츠담 사이) 건설에도 참여했다.

상당한 부를 축적한 크렐레는 1826년에 《순수 및 응용 수학 잡지》[1]를 창간했으며, 1828년에는 교육 문화부로 자리를 옮겨 수학 교육 정책 수립을 도왔다.

수학에의 공헌

크렐레는 대학에서 수학을 전공하지 않았지만, 많은 시간 수학을 연구했고 상당한 수준의 수학 실력을 쌓았다. 정규 교육을 받지 않았지만 36세 때는 하이델베르크 대학에 수학 논문을 제출해서 당당히 박사 학위를 받았다.

분명히 크렐레는 창조적인 수학자는 아니었다. 그렇지만 다른 어떠한 위대한 수학자보다도 수학에 크게 공헌할 수 있었던 몇 가지 특성이 있었다. 우선

[1] *Journal für die reine und angewandte Mathemamatik*

수학에 대한 열정이 대단했고, 둘째로 조직화하는 능력이 있었으며, 셋째로 특출한 재능을 가진 젊은 수학자를 찾아내는 독특한 감각이 있었다.

크렐레는 본능적으로 공동 연구자를 선택하고 수학에서 진정한 재능을 가진 사람을 찾아내는 데 실수하지 않았다. 다른 젊은 수학자뿐만 아니라 빈곤 속에서 분투하는 아벨에게 아낌없이 친절을 베풀었던 사람이 바로 크렐레였다. 젊은이에게 친절했던 크렐레는 19세기 수학에서 여러 학술 기관이 할 수 있는 것보다 더 많은 공헌을 했다.

《크렐레의 잡지》

크렐레는 많은 수학 논문을 남겼지만, 수학 발전을 위한 그의 가장 큰 공헌은 《순수 및 응용 수학 잡지》의 창간이었다. 창간호에는 일반적으로 거듭제곱근을 이용해서 오차 방정식을 풀 수 없다는 논문을 포함해서 아벨의 논문 몇 편 및 야코비와 슈타이너의 논문을 실었다. 제3호에는 디리클레, 뫼비우스, 플뤼커❷의 논문을 게재했다. 이 잡지는 오로지 수학 연구 논문만을 게재한 세계 최초의 정기 간행물이었으며, 1826년부터 현재까지 정기적으로 간행되고 있다. 이 잡지는 이미 알려진 수학을 설명하는 논문을 게재하지 않고, 새롭고 진실하며 충분히 '중요' 하다고 인정된 논문을 실었다.

플뤼커

크렐레는 편집장으로 이 잡지의 처음 52권을 발간했는데, 통상 《크렐레의 잡지Crelle's Journal》로 불린다. 이 잡지는 제1차 세계 대전 뒤 유럽의 혼돈 속에서 사라질 뻔한 위기를 맞기도 했지만, 위대한 기념비가 쓰러지는 것을 원치 않았던 독자들의 성원에 힘입어 살아남았다.

❷ Julius Plücker(1801~1868), 독일 수학자로 해석 기하학 · 물리학 연구

《크렐레의 잡지》에 관한 재미있는 이야기가 있다. 크렐레가 원래 공학자였기 때문에, 《순수 및 응용 수학 잡지》는 응용 수학 관련 논문을 더 선호할 것으로 예상됐다. 그러나 정반대로 크렐레는 응용 수학에 관한 것보다 순수 수학에 관한 논문을 훨씬 더 많이 게재했다. 예를 들면, 출판 첫 해에 아벨이 제출한 적어도 다섯 편의 긴 논문을 실었다. 그래서 이 잡지의 제목에 있는 두 단어 und angewandte는 비슷하게 발음되는 한 단어 unangewandte로 바꾸어 잡지의 이름을 Journal für die reine unangewandte Mathematik(순수 비응용 수학 잡지)로 바꾸어야 한다는 익살스러운 제안이 있었다.

《크렐레의 잡지》 구독료

《크렐레의 잡지》는 현존하는 수학 간행물 가운데 가장 오래됐고, 발행부수도 가장 많다. 그런데 이 잡지를 구독하는 비용은 만만치 않다. 예를 들면, 2006년에 발간된 12권의 잡지(vol. 590~601)에 대한 연간 구독료는 2298유로(약 280만 원)다. 전체적으로 2900쪽에 달한다고 하니, 한쪽에 약 0.8유로에 달하는 고가의 잡지다. 낱권으로 구매할 수 있는데, 이 경우의 가격은 200유로(약 25만 원)이다.[3]

[3] 다음 《크렐레의 잡지》 홈페이지를 참조하라. http://www.degruyter.de/rs/278_3127_DEU_h.htm

푸아송 Siméon-Denis Poisson

1781~1840

푸아송은 1781년 6월 21일 프랑스 피티비에Pithiviers에서 태어났고, 1798년 에콜 폴리테크니크에 입학해서 라그랑주, 라플라스 등의 지도로 공부했다. 뛰어난 수학 실력과 논문 때문에 최종 시험을 면제받고 1800년에 졸업한 뒤 곧 모교의 보조 강사가 됐고, 2년 뒤에는 대리 교수가 됐으며, 1806년에는 그레노블로 떠난 푸리에의 후임으로 교수가 됐다. 1808년부터 중앙 천문대의 천문학자, 1809년부터는 신설된 파리 대학 이학부 교수를 겸임했다.

푸아송은 순수 수학과 응용 수학의 전 분야에 걸쳐 업적을 남겼는데, 정적분과 미분 방정식을 연구했고 퍼텐셜 개념을 도입했으며, 변분법, 푸리에 급수, '푸아송 분포'로 확률론 등에서 크게 공헌했다.

매달려서 배우기

푸아송은 어린 시절에 매우 연약해서 유모의 세심한 보호가 필요했다. 군인이었던 아버지가 어느 날 그를 보려고 왔을 때, 푸아송이 벽에 매달려 있는 장면을 목격했다. 유모는 푸아송을 벽에 박힌 못에 허리띠로 매달아 놓고 나가버린 것이었다. 유모는 아이를 바닥의 병균과 더러움으로부터 보호하려고 그랬다고 말했다.

푸아송은 매달려 있었을 때 앞뒤로 흔들어 보려고 애를 썼고, 이것이 그가 일찍이 진자 운동에 친숙하게 된 동기였다고 말했다. 실제로 그는 말년에 진자 운동 연구를 위해 많은 노력을 기울였다.

서투른 의사

푸아송은 당대의 뛰어난 응용 수학자가 됐지만, 처음에는 자신의 희망과 달리 의학 교육을 받았다. 의사인 삼촌이 교육을 맡았는데, 삼촌은 푸아송에게 배추 잎의 잎맥을 찌르는 것부터 가르쳤다. 그가 이 일을 완벽하게 할 수 있었을 때, 물집을 찌르는 과정으로 발전했다. 그런데 푸아송이 시행한 거의 최초의 수술 뒤 몇 시간 내에 환자가 죽었다. 그 자리에 있던 의사들이 '이런 일은 아주 일상적인 사건' 이라고 그를 안심시켰지만, 그는 이런 직업에서 더 이상 할 것이 없다고 단언했다.

안전한 은행

1802년 푸아송은 입대하는 한 젊은이로부터 돈주머니를 안전하게 보관해 달라는 요청을 받은 적이 있었다. 당시 푸아송은 바쁘게 일을 하고 있었기 때문에, 젊은이에게 돈주머니를 선반 위에 올려놓으라고 했다. 젊은이는 그렇게 했고, 푸아송은 돈주머니를 숨기기 위해 호라티우스❶의 책을 그 위에 올려놓았다.

20년이 지난 뒤 그 병사가 되돌아와서 돈을 요구했다. 그러나 푸아송은 기억해내지 못했다. 푸아송이 물었다. "자네가 그 돈을 내 손에 쥐어주었나?" 병사가 대답했다. "아니오, 제가 이 선반 위에 올려놓았고 선생님은 그 위에 책을 올려놓았습니다." 병사가 먼지가 덮인 호라티우스의 책을 들자 20년 전에

❶ Horace(기원전 65~8), 고대 로마의 시인

놓아두었던 돈주머니가 나타났다.

回 훌륭한 삶

푸아송은 다음과 같이 말한 적이 있다. "인생은 두 가지 점에서만 훌륭하다. 하나는 수학을 연구하는 것이고, 다른 하나는 수학을 가르치는 것이다."

퐁슬레 Jean-Victor Poncelet

1788~1867

퐁슬레는 1788년 7월 1일 프랑스 메스Metz에서 태어났고, 1807년 에콜 폴리테크니크에 입학해서 몽주, 라크루아❶, 앙페르❷, 푸앵소❸, 아셰트❹ 등에게 배웠다. 졸업한 뒤에 공병 장교가 됐고, 나폴레옹의 러시아 침공에 참전했다. 1812년 11월 프랑스군이 모스크바에서 후퇴할 때 러시아의 포로가 되어 볼가 강가에 있는 사라토프Saratov로 끌려갔다. 그는 감금되어 있던 2년 동안 책도 없이 사영 기하학을 연구하려는 원대한 계획을 세우고 실천했다. 석방되어 프랑스로 되돌아가서 그 연구 결과를 《도형의 사영적 성질에 대해》❺라는 책으로 1822년에 파리에서 출판했다. 그의 연구는 사영 기하학의 진정한 부활을 이루었다. 이것은 이 분야의 연구를 엄청나게 자극했으며, 사영 기하학의 역사에서 이른바 '위대한 시대' 를 출발시켰다.

퐁슬레는 메스에서 공병 장교(1815~25)와 역학 교수(1825~35)로 근무하면서 역학과 공학에도 기여했는데, 터빈 이론을 개척한 퐁슬레 수차를 설계했다. 인생 후반기에는 파리에서 활동했다.

❶ Sylvestre François Lacroix(1765~1843), 프랑스의 수학자
❷ André Marie Ampère(1775~1836), 프랑스의 수학자 · 물리학자
❸ Louis Poinsot(1777~1859), 프랑스의 수학자
❹ Jean Nicolas Pierre Hachette(1769~1834), 프랑스의 수학자
❺ *Traité des propriétés projectives des figures*

전쟁 포로의 공헌

퐁슬레는 러시아에서의 감금 생활에서 풀려났을 때 프랑스에 어떤 물건을 가지고 갔다. 서유럽에서는 1100년경부터 1500년까지 산반파와 필산파 사이에 결렬한 다툼이 있었다. 산반파는 계산을 위해 산반(수판, 주판)의 사용을 지지하는 사람들이고, 필산파는 인도 · 아라비아 수 체계를 옹호하는 사람들이다. 1500년경에 이르러 현재의 계산 방식이 패권을 차지하게 됐고, 그 뒤 100년 내에 산반 계산은 거의 잊혀졌다. 18세기에 이르러 산반의 흔적마저 서유럽에서 찾아볼 수 없었다. 이것이 다시 출현한 것은 이상스러운 일이지만 퐁슬레에 의한 것이었다. 그는 사라토프에서 감금 생활을 하면서 러시아 주판을 접할 수 있었는데, 훌륭한 교구로 사용할 수 있다고 생각했다. 러시아에서 석방되어 프랑스로 되돌아간 그는 이 계산 도구를 메스 시의 모든 학교에 소개했고, 이에 따라 프랑스 전역으로 퍼졌다. 주판은 위치 기수법(자릿수 표기법)과 다른 밑을 가진 기수법의 교육에 뛰어난 가치가 있다.

코시 Augustin-Louis Cauchy

1789~1857

코시는 1789년 8월 21일 프랑스 파리에서 태어났다. 16세 때인 1805년에 에콜 폴리테크니크에 입학하고 1807년에 졸업했다. 그 뒤 토목 공학 그랑제콜인 에콜 데 퐁제쇼세 École des Ponts et Chaussées를 졸업한 1810년부터 토목 기사로 일하다가 과로에 지쳐 1813년 파리로 되돌아갔는데, 그런 중에도 수학 연구를 계속하고 논문을 발표했다. 1816년에는 파도에 관한 연구로 프랑스 과학원의 대상을 받았고 회원으로 선출됐으며, 동시에 1년 전부터 근무하던 에콜 폴리테크니크에서 교수로 승진했다. 1817년부터는 콜레주드프랑스의 교수를 겸했다. 부르봉 왕가를 열렬히 지지한 그는 1830년 7월 혁명 뒤 교수직에서 물러나서 토리노와 프라하에서 망명 생활을 했다. 1838년에 귀국했고, 1848년 새 정부에 대한 충성 서약이 폐지되어 교수직에 복귀했다.

코시는 대단히 창조적인 수학자였다. 순수 수학과 응용 수학의 다양한 주제에 관한 심오한 글을 많이 남겼는데, 아마도 저술의 양에서 오일러 다음으로 많을 것이다. 수학의 엄밀성을 추구했으며, 무한 급수의 발산과 수렴, 미분과 적분론, 실수와 복소수 함수론, 미분 방정식, 행렬식, 확률, 수리 물리학 등의 연구를 통해 수학에 엄청나게 공헌했다.

코시는 평생 동안 지칠 줄 모르고 연구했지만, 유감스럽게도 편협한 자만심 때문에 젊고 장래가 유망한 사람들의 가치 있는 노력을 자주 무시했다는 평가도 받았다.

라그랑주의 예언

1800년 1월 1일, 코시의 아버지는 상원의 서기로 선출됐으며 뤽상부르 궁전의 사무실을 얻었다. 당시 겨우 11세였던 코시는 아버지의 사무실 구석에 있는 작은 책상을 차지했다. 에콜 폴리테크니크의 교수였던 라그랑주는 서기 코시와 상의하기 위해 자주 방문했는데, 이런 과정에서 소년의 수학 재능을 알게 됐다. 어느 날, 많은 저명 인사가 참석한 자리에서 라그랑주가 말했다. "우리가 수학자로 남아 있는 한 언젠가 이 아이가 우리 모두를 능가할 것입니다."

엄청난 생산력

코시는 수학 논문을 대단히 많이 썼기 때문에, 자신만을 위한 일종의 잡지인 《수학 연습》❶을 창간해야 했고, 뒤이어 둘째 간행물 《해석학과 물리학 연습》❷을 발간했다. 이 잡지에 수학에 관한 해설적인 논문과 독창적인 논문을 쏟아부었다. 수학자들은 기꺼이 이 잡지들을 구입하고 논문들을 연구했는데, 이를 통해 상당한 영향을 끼쳤다.

코시의 유별난 생산력과 관련된 재미있는 이야기가 있다. 1838년 프랑스 과학원은 잡지 《보고서Comptes Rendus》를 발간하기 시작했다. 그런데 코시가 이 잡지에 매우 빠른 속도로 많은 논문을 투고했기 때문에, 과학원은 치솟는 인쇄비를 감당할 수 없었다. 이에 따라 과학원은 출판을 위한 모든 논문은 최대 4쪽으로 제한한다는 규정을 만들었다. 이 규정은 현재도 유효하다. 코시는 자신의 긴 논문(어떤 것은 100쪽이 넘었음)을 위한 출구를 찾아야만 했다.

❶ *Exercises de Mathématiques*(1826~1830)

❷ *Exercises d' Analyse Mathématique et de Physique*

코시의 전체 출판물은 4절판(24×30cm) 책으로 27권이나 된다! 789편의 논문이 포함되어 있는데, 그는 지나치게 성급하게 글을 썼고 너무 많이 발표했다는 비평을 받았다.

계산 천재와의 경쟁

프랑스의 양치기 소년 몽되[3]는 계산의 천재였다. 14세였던 1840년 에콜 폴리테크니크의 교수와 학생들 앞에서 계산 시범을 보였다. 청중이 질문한 계산 문제로 시범을 보였다. 몽되는 빠르고 정확하게 문제를 해결했다. 드디어 긴 계산이 필요한 어떤 문제가 제시됐다. 몽되는 정신을 집중해서 암산하고 있었다. 그가 문제를 거의 해결한 듯이 보였을 때, 청중 속에서 한 사람이 일어나 승리감에 넘쳐 정답을 말했다. 그는 바로 수학자 코시였다.

그 자리에 있던 물리학자 코리올리[4]는 어린 천재를 보호하기 위해, 코시에게 문제 하나를 제시하라고 도전했다. 코시는 그에게 1부터 20까지의 자연수의 네제곱의 합을 구하라고 요청했다. 몽되는 눈을 감고 계산하기 시작했다. 코시도 눈을 감았다가, 갑자기 눈을 뜨고는 '72만 2666' 이라고 외쳤다. 물론 코시는 어린 경쟁자와 같이 지루한 계산 과정을 따르지 않았다. 대신 다음 공식을 이용했다.

$$\sum_{k=1}^{n} k^4 = \frac{n(n+1)(2n+1)(3n^2+3n-1)}{2 \cdot 3 \cdot 5}$$

코시는 574와 1259를 곱해서 원하는 결과를 얻을 수 있었다. 그는 이 정도의 계산은 속셈으로 간단히 해결할 수 있었다.

---

[3] Henri Mondeux(1826년 출생)

[4] Gaspard Gustave de Coriolis(1792~1843), 프랑스의 수학자 · 물리학자

완고한 가톨릭교도

코시는 독실한 가톨릭교도로 종교적인 면에서 완고했으며, 다른 사람의 신앙에 대해 너그럽지 못했다. 그는 다른 사람들을 개종시키려고 많은 시간 노력했다. 당시 21세였던 켈빈 경이 수학에 대해 논의하려고 방문했을 때, 코시는 스코틀랜드 자유 교회의 확고한 신봉자였던 젊은 켈빈을 가톨릭으로 개종시키려고 노력했다.

코시는 과학원의 새 회원을 선출할 때, 후보의 과학적 업적보다는 종교와 정치적 견해에 따라 투표함으로써 자주 비난을 받았다. 이런 이유에서 코시는 많은 동료로부터 신임을 잃었다.

부르봉 왕가 지지자

1830년 7월 혁명으로 부르봉 왕가의 샤를 10세[5]가 물러나고 오를레앙 공가의 루이 필리프[6]가 새 왕이 되면서 코시의 불행은 시작됐다. 새 정부에 대한 충성 서약을 거부한 코시는 프랑스를 떠나 8년 동안 망명길에 나섰다. 샤를 10세를 좇아서 처음에는 스위스, 다음에는 토리노, 최종적으로 프라하에서 지냈다.

1838년 50세가 된 코시는 프랑스로 되돌아가서 과학원의 옛 자리를 되찾았다. 과학원 회원에게는 정부에 대한 충성 서약이 특별히 면제됐기 때문이었다. 그렇지만 교수직은 얻지 못했다. 1839년에 중앙 천문대장으로 선출됐지만, 충성 서약을 거부했기 때문에 주요 모임에 참석할 수 없었고 봉급도 받지 못했다. 1843년에 라크루아가 죽자 코시는 콜레주드프랑스의 수학 교수직에 응모했다. 리루빌 및 리브리와 경쟁했는데, 종교 · 정치적 이유로 리브리가 선

❺ Charles X(1757~1836), 프랑스 왕(재위 1824~1830)

❻ Louis Philippe(1773~1850), 프랑스 왕(재위 1830~1848)

출됐다.

정부는 코시의 자리를 대신할 사람을 구해서 중앙 천문대장을 교체하려고 노력했다. 그러나 코시는 사임을 거부했고, 1843년에 국민에게 공개 서한의 형식으로 자신의 사정을 토로했다. 사상과 양심의 자유에 대한 멋진 항변이었다. 마침내 폭동, 파업, 내란 등을 겪으면서 정부는 탄압의 어리석음을 깨닫게 됐다. 1848년 루이 필리프는 축출됐고, 뒤를 이은 임시 정부의 첫 조례 중 하나는 충성 서약의 파기였다. 이에 코시는 에코 폴리테크니크의 교수직을 다시 얻었다.

1852년 나폴레옹 3세[7]가 제2왕정을 세웠을 때, 충성 서약이 부활됐다. 그러나 코시는 충성 서약을 하지 않고도 계속 강의할 수 있다는 은밀한 승인을 받았다.

논문의 무시와 분실

일부 위대한 수학자는 자만심 때문에 심사해야 할 매우 중요한 논문을 무시하거나 때로는 잃어버림으로써 논문 제출자에게 비참한 결과를 안겨주기도 했다. 예를 들면, 아벨과 갈루아의 획기적인 논문들이 이런 운명에 처했다. 이들은 프랑스 과학원에 논문을 제출한 뒤, 심사 결과를 하염없이 기다리고 또 기다렸다. 과학원은 이 논문들의 심사위원으로 코시를 선정했지만 코시는 심사를 미루다가 결국은 잃어버렸다.

코시의 마지막 말

1857년 5월 23일 68세의 코시는 갑자기 죽음을 맞았다. 휴식을 취하고 기

[7] Napoleon III(1808~1873), 프랑스의 대통령(재위 1848~1852), 프랑스 황제(재위 1852~1870)

관지에 발생한 병을 치료하기 위해 시골로 내려갔는데, 치명적인 열병에 걸리고 말았다. 죽기 바로 직전 파리의 대주교와 대화를 나누었는데, 그가 대주교에게 마지막으로 한 말은 다음과 같았다. "사람은 죽는다. 그러나 그의 업적은 남는다."

뫼비우스 August Ferdinand Möbius

1790~1868

뫼비우스는 1790년 11월 17일 작센(현재는 독일)의 라이프치히 근처에서 외아들로 태어났다. 그가 3세 때 무용 교사였던 아버지Johann Heinrich Mobius는 죽었고, 13세까지 마르틴 루터의 후손인 어머니로부터 교육을 받았다. 1809년에 라이프니츠 대학에 입학해서 법학을 공부하다가, 1년도 지나지 않아서 수학, 천문학, 물리학으로 전공을 바꾸었다. 당시 그에게 큰 영향을 끼친 사람은 수학과 천문학에 조예가 깊은 몰바이데[1]였다. 뫼비우스는 1813~14년 괴팅겐 대학에서 가우스로부터 천문학을 배웠고, 할레 대학에서는 가우스의 스승인 파프로부터 수학을 배웠다. 1815년 라이프치히 대학의 무급 강사를 시작으로 이 대학에서 여생을 보냈다. 몰바이데가 수학과로 자리를 옮기자 1816년에 천문학 및 고등 역학 조교수가 됐고, 1844년에는 고등 수학 및 천문학 교수로 임명받았다. 이 대학에 임명될 때부터 라이프니츠에 있는 천문대에서 관측자의 자리를 겸했으며, 1848년에는 천문대장이 됐다. 이렇게 뛰어난 경력을 쌓은 뒤 1868년에 죽었다.

[1] Karl Brandan Mollweide(1774~1825), 독일의 수학자 · 천문학자로, 할레 대학 수학 · 물리학 교수(1800~11)와 라이프니츠 대한 수학과 교수(1811~25)를 지냈다.

늦은 진급

1816년 뫼비우스는 아주 젊은 나이에 라이프니츠 대학의 천문학 및 고등 역학 교수직을 얻었다. 처음에는 조교수였는데 오랫동안 정교수로 승진하지 못했다. 가르치는 재주가 뛰어나지 못했던 것으로 보인다. 수업료를 내고 그의 강좌를 수강하는 학생이 많지 않았기 때문에 생활이 어려워지기도 했다. 그래서 무료강좌까지 열면서 학생들을 유치해야 했다.

1825년 몰바이데가 죽었을 때, 뫼비우스는 수학 교수로 옮기고 싶었다. 그러나 그의 희망은 좌절됐고, 다른 수학자가 그 자리를 차지했다. 연구가로서의 명성을 얻은 뫼비우스는 1844년 예나Jena 대학의 초빙을 받았다. 그러자 라이프니츠 대학은 그에게 고등 수학 및 천문학 정교수직을 주었다.

인접 영역 문제

인접 영역 문제problem of neighboring domains는 뫼비우스와 바이슈케Adolph Weiske 사이의 논의에서 나타났다. 바이슈케는 전문 수학자가 아니었지만 수학 문제와 수수께끼에 대단한 관심을 갖고 있었기 때문에 이 문제가 바이슈케로부터 유래했을 가능성이 높다. 뫼비우스는 이 문제를 1840년의 어떤 강의에서 처음으로 발표했는데, 다음과 같은 멋진 이야기로 제시했다.

아주 먼 옛날 극동의 어느 나라에 왕자 다섯을 둔 왕이 살고 있었다. 왕은 죽은 뒤에 왕국을 다섯 왕자에게 물려주기로 했다. 왕은 유언에서 왕국을 다섯 영역으로 나누는데 각 영역은 나머지 네 영역과 경계선을 맞대고 있어야 한다는 조건을 달았다. 왜냐하면 한 왕자가 다른 왕자를 찾아갈 때 제3의 영역을 지나가야만 한다면 떨어져 사는 두 왕자가 서로 소원해질 수 있다고 걱정했기 때문이었다. 이에 덧붙여, 왕은 두 왕자씩 그들의 거주지 사이를 연결하는 길을 건설해야 하는데, 이런 길은 제3의 왕자의 영역을 가로지르거나 접해서는

안 된다는 조건도 달았다. 왕이 죽은 뒤 다섯 왕자는 아버지의 뜻에 따라 땅을 나누려고 오랫동안 열심히 노력했다. 그러나 그들의 노력은 수포로 돌아갔다.

왕자들이 실패한 것은 놀라운 일이 아니다. 왜냐하면 평면(또는 구면) 위의 서로 접하는 영역의 최대 개수는 평면(또는 구면) 위의 서로 교차하지 않는 단순 곡선들로 연결할 수 있는 평면(또는 구면) 위의 점의 최대 개수와 같기 때문인데, 두 경우 모두 최대 개수는 4다.

뫼비우스 띠

위의 인접 문제는 위상 수학에 대한 뫼비우스의 관심을 보여준다. 위상 수학에 대한 그의 주요한 공헌은 뫼비우스 띠인데, 그는 이것을 1858년에 발견했고 이에 관한 논문을 프랑스 과학원에 제출했다. 그렇지만 그 논문은 그가 죽은 뒤에야 출판됐다.

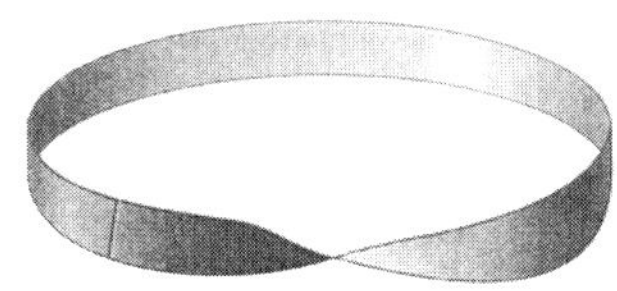

뫼비우스 띠는 종이 띠를 반 바퀴 돌린 다음에 양끝을 붙여서 만들 수 있다. 이것은 일반적으로 단 한 개의 면과 단 한 개의 모서리를 가진 곡면으로 묘사된다.

그런데 뫼비우스 띠는 리스팅[2]이 먼저 발견했고 먼저 발표했다고 한다.

뫼비우스 띠의 발견에 관한 재미있는 가설이 몇 가지 있다. 한 이야기에 따르는, 뫼비우스가 해변으로 휴가를 떠난 적이 있었다고 한다. 그는 밤에 파리 때문에 큰 괴로움을 당한 뒤, 양면에 접착제를 바른 띠를 구했다. 이 띠를 반 바퀴 돌려 끝끼리 서로 연결한 뒤에, 묵고 있던 방의 서까래에 걸어놓았다. 임

[2] Johann Benedict Listing(1808~1882), 1830년 괴팅겐 대학에 입학해서 가우스의 지도를 받았다. 1837년에 하노버의 실업 학교에서 가르치다가, 괴팅겐 7교수 사건으로 베버가 물러난 뒤 1839년에 괴팅겐 대학 물리학 교수직에 임명됐다. 리스팅은 광학을 연구했는데, 위상 수학에 대한 연구도 꾸준히 병행했다. 1848년 베버가 복직해서 실험 물리학 교수가 되자, 리스팅은 수리 물리학 교수가 됐다. 1858년에 뫼비우스와 독립적으로 뫼비우스 띠의 성질을 발견했다.

시변통으로 만든 파리잡개는 대단히 성공적이어서, 파리의 방해 없이 숙면을 취할 수 있었다. 그는 밤을 잘 지내고 난 뒤에 아침에 깨었을 때, 침실에 걸려 있는 파리잡개를 바라봤다. 놀랍게도, 그 띠는 단 한 개의 면과 단 한 개의 모서리를 갖고 있었다. 이렇게 해서 유명한 뫼비우스 띠가 탄생했다.

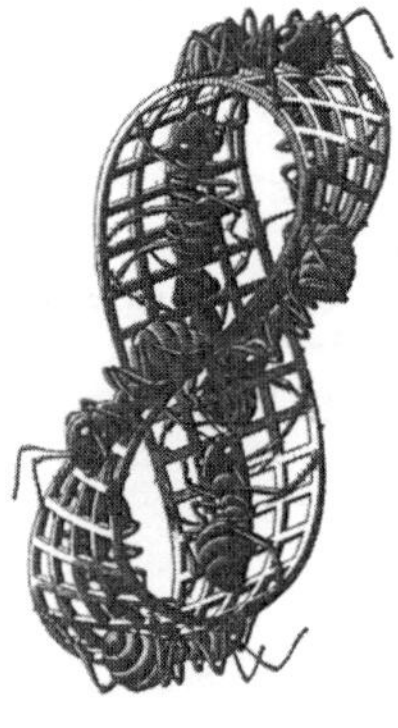

뫼비우스 띠에 대한 에스헤르의 생각. 개미는 반복해서 똑같은 면을 지나면서 영원히 걸가도록 되어 있다.

더 유명한 아들

뫼비우스의 아들은 유명한 신경과 의사였다. 그는 '생리학적으로 약한 여성의 정신' 을 다룬 책으로 아버지의 건전한 수학 책들보다 훨씬 큰 관심을 끌었다.

배비지 Charles Babbage

1791~1871

배비지는 1791년 12월 26일 잉글랜드의 런던에서 꽤 부유한 은행가의 아들로 태어났다. 1810년 케임브리지의 트리니티 대학에 입학했고, 피터하우스Peterhouse 대학으로 옮겨서 1814년에 학사 학위를 받았다. 1815년부터 런던에서 수학을 연구하고 논문을 발표했는데, 1816년에는 런던 왕립 학회의 특별 회원이 됐고, 1820년에는 에든버러 왕립 학회의 특별 회원이 됐다. 모교에서 1827년부터 1839년까지 루카스의 수학 교수로 지냈지만 가르치지는 않았는데, 당시 그는 계산 기계의 개발에 몰두했다.

배비지는 계산과 수표 작성을 위한 기계의 필요성을 확신하고 계산기의 원리를 연구했다. 1822년에 계산기를 발명하고 1826년에는 로그표를 발간했다. 그의 계산기는 여러 가지 면에서 완벽하지는 않았지만 현대 컴퓨터의 원조로 평가받고 있으며, 그는 현대 컴퓨터의 선구자로 불린다.

배비지는 왕립 천문 학회1820, 과학 진흥을 위한 영국 협회1831, 통계 학회1834의 창설과 발전에도 크게 공헌했다.

해석 학회

대학 재학중이던 배비지에게 가장 절친한 친구는 (나중에 작위를 받은) 허셜과 (나중에 일리Ely 대학의 학장이 된) 피콕❶이었다. 세 사람은 '자신들이 태어난 세상보다 더욱 현명한 세상을 후세에 남기는 데 최선을 다하기' 로 맹세했다. 이런 목표를 달성하기 위한 첫 시도는, 1812년 케임브리지 대학의 모든 학부생을 회원으로 하는 해석 학회Analytical Society의 창설이었다. 해석 학회의 목표는 '영국 수학자들을 유럽 대륙의 경쟁자들과 같은 수준으로' 끌어올리는 것이었다.

해석 학회는, 뉴턴과 라이프니츠 사이에서 발생한 미분 적분학의 발견에 대한 다툼 때문에 영국의 수학자들이 피해를 본 참담한 상황을 보상하려고 했다. 뉴턴을 지도자로 섬기는 영국 수학자들은 대륙의 수학 발달과 스스로 단절했었다. 그 결과 영국의 수학은 거의 100년 동안 손해를 입었다. 유럽 대륙의 수학자들은 융통성이 훨씬 더 뛰어난 라이프니츠의 미분 기호 $\frac{dy}{dx}$를 도함수로 사용한 반면에, 영국의 수학자들은 훨씬 더 불리한 뉴턴의 유율 기호 $\dot{y}$를 도함수로 고집하고 있었다. 이에 따라 배비지의 우스꽝스러운 표현에 따르면, 해석 학회는 '대학의 dot의 모임(dot-age, 노망이라는 뜻도 있음)에 대항하는 순수한 d-주의d-ism의 원리' 를 옹호했다.

1816년 배비지, 허셜, 피콕은 한 권으로 된 라크루아의 세련된 책 《미분 적분학》을 영어로 번역했다. 이것은 미분 적분학의 표기법과 교육에서 해석 학회의 개혁을 돕는 데 크게 공헌했다. 더욱 큰 소득은 1817년에 이루어졌는데, 이 해에 피콕은 케임브리지 대학 수학 졸업 시험의 전형 위원으로 임명받았다. 그는 그 시험에서 유율 기호를 미분 기호로 대체했다.

계산기 제작

1812년경 배비지는 수표 계산에 도움이 되는 기계 제작을 고려하기 시작했다. 한 이야기에 따르면, 허셜이 천문 학회를 위해 시행한 계산을 점검하기

❶ George Peacock(1791~1858), 영국의 대수학자

위해 그를 찾아왔을 때 그런 기계에 대한 생각이 처음 떠올랐다고 한다. 허셜과 배비지는 지루하게 점검하던 중 상당히 많은 실수를 발견했다. 배비지는 "이런 계산을 증기의 힘으로 할 수 있으면 좋으련만!" 하며 외쳤다. 허셜이 "매우 가능성이 있다." 고 대꾸했고, 그 뒤 배비지는 여생을 강박관념에 시달렸으며, 이 강박관념은 명랑했던 젊은이를 심술궂은 늙은이로 바꾸어 버렸다.

배비지는 1819년부터 자신의 생각을 구체적으로 실천하기 시작했는데, 대단한 정력과 열정을 쏟아서 1822년까지 작은 '차분 기관difference engine' 을 제작했다. 1822년 왕립 학회 회장에게 보낸 편지에서 항해와 천문학을 위해 긴 수표를 계산할 수 있는 기계의 장점들을 지적했고, 또 정부가 사용할 수 있도록 그런 기계를 제작하자고 제안했다. 그의 제안은 매우 호의적으로 받아들여졌으며, 1823년 정부는 그에게 사업 기금을 조달하기로 동의했다.

배비지는 큰 차분 기관을 제작하기 시작했는데, 초기의 연구 보조금은 1500파운드였고 3년이 걸릴 예정이었다. 그 기계는 26개의 유효숫자를 처리하고 6차까지의 계차를 계산하며 인쇄할 수 있도록 설계됐다. 그런데 예상과 같이 작업이 진척되지 않았고, 1827년에는 연구비도 바닥이 났다. 게다가, 이 해에 아버지와 아내 및 두 아이를 잃는 비운을 겪었으며, 자신도 건강을 많이 해쳤다. 요양을 한 뒤, 1830년에 정부로부터 9000파운드의 보조금을 받아서 다시 일을 시작했다. 배비지는 결과에 만족하지 못하고 계속해서 새롭고 더욱 거대한 구상을 계획했으며, 반복해서 이미 이룬 모든 것을 없애버리고 새로운 기계 제작을 시도했다. 구체적인 성과는 없었다. 1834년에 정부의 보조는 끊겼고, 차분 기관 연구가 중단됐다. 이때까지 영국 정부는 차분 기관 제작에 약 1만 7000파운드를 쏟아부었다. 배비지도 개인적으로 6000파운드의 돈을 썼고, 재산을 모두 잃었다.

배비지는 1834년에 '해석 기관analytical engine' 이라고 부른 훨씬 더 야심찬 계산 기계를 설계했다. 이 기계는 현대적인 전자 계산기의 선구자로 오퍼레이터가 처음에 부여한 산술 계산의 모든 과정을 완전히 자동으로 수행하도록 설계됐다. 해석 기관은 설계 단계에서 더 이상 진척되지 못했는데, 정부로부터 보조금을 받지 못했을 뿐만 아니라 당시에는 존재하지 않았던 정밀한 도구를 필요로 했기 때문이었다.

완성되지 못한 차분 기관과 해석 기관에 대한 설계도는 런던에 있는 킹스 대학의 박물관에 보관되어 있었는데, 나중에 사우스 켄싱턴South Kensington 과학 박물관으로 이전되어 현재까지 보존되고 있다. 전시되어 있는 차분 기관의 일부는 아직도 잘 작동하고 있으며, 얼마 전 똑같은 복제품을 IBM의 박물관에 소장하기 위해 기계를 완전히 해체하고 청소해서 다시 복원했다.

배비지의 계획은 실패로 끝났지만, 최근까지 존재했던 놀랄 만큼 거대한 기계적인 계산기와 전자 계산기를 고안해내는 데 영감을 주었다. 배비지는 현대적인 모든 계산기의 기초가 되는 원리들을 발표했다. 1946년 영국 잡지《네이처Nature》는 미국 최초의 거대한 전자 계산기의 하나인 하버드 대학 계전 계산기relay computer Mark I을 검토한 논문을 발표했을 때, '배비지의 꿈이 실현되다' ❷라는 제목을 달았다.

▣ 읽기 쉬운 로그표

배비지의 로그표가 런던에서 1826년에 출판됐다. 배비지와 인쇄업자는 수표의 초판을 준비하면서 인쇄된 수표를 쉽게 읽을 수 있고 시각상의 피로를 줄

❷ Babbage's Dream Comes True

이기 위해서 여러 가지 요인에 대해 상세하고 체계적인 연구를 처음으로 실시했다. 배비지는 책의 머리말에서 활자의 크기와 배열 및 종이의 색깔과 질감 등에 관한 실험과 연구에 대해 약술했다.

그 뒤 1831년 배비지는, 가장 쉽게 읽을 수 있는 방법을 결정하기 위한 노력으로, 로그표의 몇 쪽을 21가지 크기로 151가지 색종이에 10가지의 서로 다른 색(연한 청색, 진한 청색, 연한 녹색, 진한 녹색, 올리브 색, 노랑, 연홍색, 진홍색, 자주색, 검은 색)으로 한 권의 책을 인쇄했다. 그리고 표지로 벨럼 가죽(송아지, 어린 양 등의 가죽)을 사용하고 그 위에 금속을 함유한 금, 은, 동을 입혔으며, 여러 가지 두께의 종이를 사용했다.

배장기와 전보

배비지는 당시 설립된 철도 회사의 성대한 만찬에 참석했는데, 대화는 자연스럽게 새로운 여행 방법에 관한 이야기로 바뀌었다. 특히 기차 운행의 어려움과 위험에 관한 이야기를 나누었다. 이 중에서 사고 또는 고의로 장애물이 철로 위에 놓여 있는 경우와 이로 인한 치명적이고 비용도 많이 드는 사고의 결과 등이 고려됐다. 이런 재해를 방지하기 위해, 배비지는 배장기❸의 설치를 제안했다.

어느 날 배비지는 만찬에서 런던의 어떤 유명한 은행가 바로 옆에 앉았다. 새로운 철도 체계가 대화의 주제가 됐다. 철도의 장점에 대한 이야기가 많이 있었다. 그러나 한 은행가가 말했다. "아, 나는 새로운 여행 방식에 찬성하지 않습니다. 우리 은행원들이 돈을 횡령한 다음에 미국으로 가기 위해 리버풀까지 한 시간에 32킬로미터라는 빠른 속도로 달아날 수 있으니까요." 이에 배비

❸ 장애물 제거용으로 기관차 앞에 붙인 기구

지는 과학이 그런 불행을 막아줄 수 있을 것이라고 말하고는 다음과 같이 제안했다. "범죄자가 리버풀에 도착하는 것보다 빨리 '번갯불'을 보낼 수 있을 것이고, 그래서 철로를 도둑을 체포하는 확실한 도구로 만들 수 있을 것이다." 당시 배비지는 이런 말을 했지만, 이것이 얼마나 빨리 실현될 수 있는지에 대해서는 아무런 생각도 없었을 것이다.

알려지지 않은 예언

배비지는 오늘날 ORoperational research이라고 부르는 거대하고 중요한 분야를 예견했다. 이런 개념은 1834년에 출판된 그의 책 《기계와 제조의 경제Economy of Machinery and Manufactures》에서 예시됐는데, 이 책은 모든 종류의 과학적 제조 과정을 연구했다. 간단히 말하면, OR은 경영자 또는 관리자에게 좀 더 효율적으로 사업을 운영할 수 있는 정보를 제공하기 위한 목적으로 사업 문제들을 과학적으로 분석하는 것이다.

배비지는 다른 방면에서도 선각자의 역할을 했다. 그는 연구와 교육에 대해 정부가 지원하라고 단호하게 주장했다. 당시까지도 연구가 신사들의 취미에 불과했던 시기에 이런 주장을 폈다.

불가사의의 유래

복잡한 수학 규칙을 사용해서, 이를테면 100만째 항까지는 간단하고 명백한 형식으로 진행하다가 다음 항에서 형식이 극단적으로 파괴되고 나머지 항들은 다시 원래의 형식을 따라서 진행하는 수열을 정의할 수 있다.[4] 배비지는 반복해서 이런 사실을 언급했고, 이런 수열을 생성하는 계산기의 프로그램을

[4] 수열 $f(n)=n+\prod_{i=1}^{a}(n-i)\prod_{j=a+2}^{a}(j-n)$을 생각하자. 여기에서 a=100,000,000이라고 하자. 그러면 n=100,000,001일 때 $f(n)=\infty$이고, 그 이 외의 자연수 n에 대해서는 $f(n)=n$이다.

설명했다. 이런 주장을 통해 세상에 존재하는 불가사의의 유래를 설명하는 가능성을 발견할 수 있다고 생각했다. 또, 세상에 불가사의가 없다면 이 세상은 확실히 간단하고 질서 있는 자연의 법칙에 의해 제어될 것이라고 생각했다.

배비지의 시 감상법

배비지는 수표와 계산 결과의 오류를 바로잡으려고 노력했으며, 과학 학회들과 정부 기관에 이런 부주의를 지적하는 편지를 자주 썼다. 통계적인 정확성에 대한 그의 열정은 문학적인 시까지도 확장됐는데, 다음과 같은 편지를 테니슨[5] 경이 쓴 시 〈The Vision of Sin〉과 관련해서 보냈다.

> Every minute dies a man, Every minute one is born.
>
> (매분마다 한 사람이 죽고, 매분마다 한 사람이 태어난다.)
>
> 이 계산 결과는 영원한 평형 상태에서 세계의 전체 인구가 유지된다는 점을 당신에게 지적하지 않을 수 없습니다. 세계의 전체 인구가 꾸준히 증가한다는 사실은 이미 잘 알려진 사실입니다. 그래서 나는 당신의 훌륭한 시의 개정판에서 잘못된 계산을 다음과 같이 고칠 것을 감히 제안하고자 합니다.
>
> Every moment dies a man. And one and a sixth is born.
>
> (매분마다 한 사람이 죽는다. 그리고 1과 $\frac{1}{6}$ 명이 태어난다.)
>
> 정확한 수치는 1.167임을 덧붙입니다. 그러나 물론 운율의 법칙을 인정하지 않을 수는 없습니다.

물론 1850년까지 이 시의 재판에서도 "Every minute dies a man,/ Every minute one is born."이라고 출판됐다. 그런데 그 이후의 재판에서는 "Every

[5] Alfred Tennyson(1809~1892), 영국의 시인

moment dies a man,/ Every moment one is born." (매순간 한 사람이 태어나고,/ 매순간 한 사람이 죽는다.)로 바뀌었다.

혹평가

배비지는 매우 사교적인 사람으로 상당한 정도의 유머 감각이 있었다. 많은 만찬에 기꺼이 참석했고, 카드놀이, 장기, 배타기 등과 같은 다른 모임에도 참여했다. 그런데 실패가 반복되자 배비지는 심한 적의를 품은 사람으로 변해갔고, 많은 문제에 대해 혹평하는 글을 쓰게 됐다. 그의 공격 중 일부는 과장됐지만, 일반적으로는 건전한 비평이었고 상당한 정도의 지지도 이끌어냈다.

배비지를 가장 화나게 만든 것 중 하나는 영국 왕립 학회 일부에서 과학에 대한 무시와 관련된 것이었다. 그래서 그는 왕립 학회를 완전히 개혁하려는 계획서를 제출했다. 예를 들면, 회원의 자격 기준으로 과학 논문의 발표를 포함시켜야 하고, 학회 내에 민주적인 투표 절차를 도입해야 하며, 모임을 통해 학회 정책에 대한 자유로운 토론이 이루어져야 한다고 제안했다. 왕립 학회는 아무런 토의 없이 그의 제안을 거부했다. 배비지는 이런 거부에 격앙해서 왕립 학회의 평의회를 '서로 간부로 뽑고는 서로 칭찬하고 훈장을 수여하기 위해 학회의 비용으로 성대하게 만찬을 즐기는 사람들의 집단' 이라고 묘사했다.

배비지는 이와 비슷한 표적을 그리니치의 왕립 천문대에서도 발견했다. 그는 그리니치의 관찰 기록 일부를 달라고 요청했지만 거절당한 적이 있었다. 그 뒤 우연한 기회에 5톤에 달하는 수표를 어떤 가게에서 발견했는데, 판지를 만들기 위해 무게로 팔리는 것이었다. 이에 대해 배비지는 다음과 같이 지적했다. "왕립 천문대장은 분명히 그의 출판물로 할 수 있는 일을 가장 잘 알고 있다. 그러나 공무원에게 급료를 지불하는 데 있어서, 천문 관측 자료를 겨우 휴지로 쓰기 위해 인쇄하고 출판하는 천문대와 계산소를 세우는 것보다 더 많은 돈을 낭비하는 방법을 발견하기는 거의 불가능할 것이다."

거리의 악사

독일의 신랄하며 염세적인 철학자 쇼펜하우어[6]는 마부와 채찍이 내는 날카로운 소리를 극도로 혐오했다. 이와 마찬가지로, 배비지는 거리의 수동 오르간 연주자를 극단적으로 혐오했으며, 그들과 평생 동안 싸웠다. 그는 모든 가능한 경우에 그들을 고발하고 법정으로 끌고 갔으며 공개적으로 비난했다. 거리의 악사에 대한 그의 고독한 투쟁은, 적어도 런던에서는, 그가 성취한 과학 업적을 합친 것만큼 큰 명성을 얻게 했다. 그는 자신의 창조적인 발상이 오르간 연주를 듣기 시작하자마자 사라진다고 주장했으며, 이런 방해는 자신의 활동력의 $\frac{1}{4}$을 파괴했다고 계산했다. 치안 판사가 수동 오르간 소리를 들으면 사람의 두뇌가 손상될 것이라고 진심으로 믿는지 배비지에게 묻자, 다음과 같이 대답했다. "그렇지는 않다. 왜냐하면 조금의 두뇌라도 갖고 있는 사람은 거리의 악사에게 귀 기울이지 않기 때문이다." 배비지는 당시 수학의 티몬[7]이라는 말이 있었다. 왜냐하면 그는 사람을 전반적으로 싫어했고, 특히 영국 사람을 싫어했으며, 거리의 수동 오르간 연주자를 가장 싫어했기 때문이었다.

사람들이 배비지의 투쟁을 가볍게 보았다는 사실은 1891년 런던 《타임스》에 실린 그의 사망 기사로부터 명확하게 드러난다. 그 기사는 배비지가 '수동 오르간 연주의 학대에도 불구하고' 거의 80세까지 살았다고 지적했다.

거의 알려지지 않은 사실

배비지는 해석 기관을 제작하기 위해 37년 동안 자신의 개인 재산 대부분

[6] Arthur Schopenhauer(1788~1860), 독일의 철학자
[7] Timon, 기원전 5세기 말의 전설적인 인간 혐오자

과 여러 번의 정부 연구비를 쏟아 부었다는 이야기는 잘 알려진 사실이다. 그렇지만 유명한 시인 바이런 경의 합법적인 유일한 딸로 러블레이스Lovelace 백작 부인이 된 오거스타 아다[8]가 잠시 동안 이 기계를 위해 프로그램을 작성했었다는 사실은 거의 알려지지 않고 있다. 그녀는 루프와 서브루틴의 개념을 포함해서 컴퓨터 프로그램의 기초적이 원리들을 개발했다.

러블레이스 부인

오거스타의 부모는 그녀가 태어나고 겨우 한 달 뒤에 이혼했다. 바이런 경은 곧 해외로 나갔고, 영국으로 돌아오지 않다가 오거스타가 8세 때 그리스에서 죽었다. 그녀는 아버지를 결코 보지 못했으며, 외할머니와 수학에 관심이 컸던 어머니의 보호 아래 자랐다. 그녀는 여러 개인 교사의 지도로 교육을 받았다. 18세 때는 '영국 최고의 여성 수학자' 로 불린 서머빌[9]로부터 수학을 배웠는데, 서머빌은 그녀에게 당시 차분 기관을 만들과 해석 기관을 설계하고 있던 배비지를 소개시켜 주었다.

오거스타는 1835년에 윌리엄 킹Willian King과 결혼하고 세 자녀를 두었다. 1841년부터는 드 모르간으로부터 고등 수학을 배우기 시작했고, 논문을 발표하기도 했다. 그런데 여러 가지 질병으로 많은 약을 먹게 됐고, 타락하기 시작했다. 그녀는 충동적인 도박꾼, 알코올 중독자, 아편 중독자였으며 성 관계도 꽤 문란했다고 한다.

미국 국방성은 최근에 그들이 개발한 프로그래밍 언어를 그녀의 이름을 따서 ADA라고 이름지었다.

[8] Augusta Ada Byron(1815~1852)
[9] Mary Somerville(1780~1872), 스코틀랜드 출신의 수학자

로바체프스키 Nicolai Ivanovich Lobachevsky

1792~1856

로바체프스키는 1792년 12월 1일 러시아의 니즈니 노브고로드Nizhny Novgorod에서 가난한 집안의 세 아들 중 하나로 태어났다. 그가 7세 때 아버지는 죽었고, 어머니는 세 아들과 함께 카잔으로 이사했다. 그는 1802년에 정부의 장학금을 받고 김나지움을 다녔다. 그리고 1805년에 개교한 카잔 대학에 1807년 역시 학비를 면제받고 입학해서 처음에는 의학을 배우다가 전공을 수학과 물리학으로 바꾸었다. 당시 수학 교수는 가우스를 가르쳤던 바르텔스였다. 바르텔스의 강의로부터 평행선 공준에 흥미를 느꼈을 것으로 보인다. 이 대학에서 1811년에 수학 및 물리학 석사 학위를 취득하고, 1814년에 강사, 1816년에 조교수, 1822년 정교수가 됐다. 1822~25년에는 수학 및 물리학 부장, 1825~35년에는 도서관장을 역임했고, 1827년에는 총장으로 승진해서 1846년까지 그 자리를 지켰다.

비유클리드 기하학의 창시자로 일생을 연구와 대학의 행정에 바쳤다. 1846년에 은퇴했는데, 경제적으로도 어려운데다 건강도 나빠져서 시력을 잃은 상태였다.

기하학의 코페르니쿠스

로바체프스키는 비유클리드 기하학의 발견자로 수학의 역사에 이름을 남졌다. 가우스 및 볼리아이와 마찬가지로, 유클리드의 평행선 공준에 대한 플레이페어의 명제를 통해서 세 가지 가능성을 고려함으로써 이 주제에 접근했다. 즉, 주어진 직선에 있지 않은 주어진 점을 통과하면서 주어진 직선과 평행인 선(유클리드의 의미에서)은 '단 하나 존재하거나' '하나도 없거나' '둘 이상 존재한다'는 가설을 세웠다. 직선 길이의 무한성을 가정함으로써 둘째 경우는 쉽게 제거됐다. 그러나 셋째 경우에서 모순을 찾을 수 없었고 그런 가정에서 무모순인 기하학을 생각해내기에 이르렀다.

가우스와 볼리아이가 비유클리드 기하학을 처음으로 고안해낸 사람들로 알려져 있지만, 실제로 이 주제에 대한 체계적인 전개를 최초로 발표한 사람은 로바체프스키였다. 비유클리드 기하학에 대한 그의 최초 논문은, 볼리아이의 논문이 출판되어 나타나기 2~3년 전인, 1829년 《카잔 회보Kazan Bulletin》에 실렸다. 이 논문은 러시아에서 그다지 관심을 끌지 못했다. 더구나 러시아어로 쓰였기 때문에 다른 지역에서도 관심을 끌 수 없었다. 로바체프스키는 이런 초기의 노력과 함께 다른 출판물을 연이어 내놓았다. 예를 들면, 좀 더 넓은 범위의 독자를 확보하기 위해서 1840년에 독일어로 소책자 《평행선 이론에 대한 기하학적 연구》❶를 출판했으며, 그보다 훨씬 뒤 눈이 멀었을 때인 1855년(죽기 1년 전)에 프랑스어로 최종적이며 간결한 《범기하학Pangeometrie》을 출판했다.

당시 새로운 기하학에 대한 정보가 매우 느리게 퍼졌기 때문에, 1840년 독일어판이 출현하기 전에는 로바체프스키의 업적에 대해서 가우스는 아마도 듣지 못했을 것이며, 볼리아이도 1848년까지는 알지 못했을 것이다. 로바체프스키도 자신의 공로가 널리 알려지는 것을 보지 못하고 죽었지만, 그가 발견

❶ *Geometrische Untersuchungen zur Theorie der Parallellinien*

한 비유클리드 기하학을 오늘날 '로바체프스키 기하학'으로 흔히 언급하고 있다. 그리고 클리포드는 그를 적절하게도 '기하학의 코페르니쿠스'라고 불렀다.

▣ 뛰어난 건축가

러시아 정부가 카잔 대학에 있는 오래된 건물들을 현대화시키고 몇 개의 새로운 건물을 신축하기로 결정했다. 로바체프스키는 정교수가 된 1822년에 건설 위원회에 소속되어, 건설 계획이 잘 이루어지고 정부 예산이 낭비되지 않도록 하는 데 관심을 갖게 됐다. 건설 과정을 파악하기 위해 건축학을 공부한 로바체프스키는 새 건물과 개축한 건물이 매우 아름답고 훌륭한 기능을 갖도록 했을 뿐만 아니라 책정된 예산보다 적은 돈으로 계획을 완성했다.

▣ 청소부 총장

로바체프스키는 모교를 매우 사랑했고 모교에 대한 자부심이 대단히 컸기 때문에, 총장이 된 뒤에도 대학을 위한 일이라면 하찮은 일도 마다하지 않았다. 그 대학을 방문한 어떤 유명한 외국 방문객은, 코트를 벗고 건물 바닥을 청소하고 있던 그를 청소부로 생각해서 그에게 도서관과 박물관을 구경시켜 달라고 요청했다. 청소부의 친절과 고매한 지성에 크게 감동을 받은 방문객은 구경을 마쳤을 때 그에게 후한 수고비를 줬다. 그렇지만 방문객을 더욱 놀라게 한 것은, 청소부가 화를 내면서 수고비를 거절한 일이었다. 그래서 방문객은 그런 행동을 기품 있는 청소부의 또 다른 괴팍함으로 생각했다. 그 날 저녁 주지사가 주재한 자리에서 서로 만났고, 두 사람은 서로 사과했다.

젊은이에 대한 사랑

로바체프스키가 한 젊은이의 교육을 후원한 각별한 이야기가 있다. 그는 젊은 판매원이 판매대 뒤에서 수학 책을 읽고 있는 장면을 목격했다. 이에 감동한 로바체프스키는 젊은이가 학교에 다닐 수 있도록 주선해주었다. 그 젊은이는 대학 교육을 마치고 그 대학의 물리학 교수가 됐다.

멀리 시베리아부터 카잔까지 걸어서 여행한 어떤 가난한 성직자의 아들에 관한 이야기도 있다. 그가 카잔에 도착했을 때는 완전히 빈털터리였다. 로바체프스키는 자신의 돈으로 그 젊은이가 의과 대학에 입학할 수 있도록 했다. 이런 호의는 헛되지 않았다. 그 학생은 학교를 졸업한 뒤 헌신적인 의사가 됐으며, 자신이 필요할 때 큰 도움을 준 친절한 총장에 대한 보은으로 대학에 도서관을 기증했다.

자연 애호가

카잔에서 약간 떨어져 있는 볼가 강가에 작은 마을이 있었는데, 로바체프스키는 여가 시간을 할애해서 그곳에서 정원과 과수원을 가꾸었다. 밤나무를 정성껏 가꾸었는데, 간절한 소망에도 불구하고 결실을 보지 못했다는 슬픈 이야기가 있다. 그가 죽고 나자 얼마 뒤 밤나무들이 최초의 열매를 맺었다고 한다. 그는 농업, 원예, 목축 등의 모든 일에 흥미를 가졌고, 이런 활동은 모스크바 제국 농학회로부터 받은 은메달로 인정받았다.

그린 George Green

1793~1841

그린은 1793년 7월 영국 노팅엄Nottingham에서 태어났다. 어려서부터 아버지의 빵가게에서 일하면서 수학과 물리학을 독학했다. 1828년 《전자기 이론에 대한 수학적 분석의 응용에 관한 소론》❶을 자비로 출판했는데, 여기에서 '퍼텐셜' 이라는 용어를 사용했고 '그린의 정리' 와 '그린 함수' 를 도입했다. 이 유명한 정리와 함수는 오늘날 전기와 자기 이론에서 매우 중요하다. 그러나 그린의 연구 결과를 가우스가 확인하고, 그가 죽은 뒤인 1846년 켈빈 경이 그의 1828년 연구서를 다시 출판한 뒤에야 많은 독자를 확보할 수 있었다. 이 연구서는 '영국에서 수리 물리학의 효시' 로 불린다. 최근의 노벨 수상자 8명이 수상 작품에서 '그린 함수' 를 사용했다고 한다.

제분업자인 수학자

그린은 1801년 학교에 입학했는데 겨우 15개월 다니고 나서 아버지의 빵가게에서 일했다. 아버지는 빵가게를 성공적으로 운영했는데, 1807년에는 노팅엄 전체에서 가장 크고 현대적이며 성능이 뛰어난 풍차 제분소를 차렸다. 그린은 제분소의 다락을 공부방으로 삼아서 도서관에서 빌린 물리학과 수학 책

❶ *An Essay on the Application of Mathematical Analysis to the Theory of Electricity and Magnetism*

으로 독학했다.

그린은 35세였던 1828년 그의 가장 중요한 연구서 《전자기 이론에 대한 수학적 분석의 응용에 관한 소론》을 출판했다. 발행 부수가 빈약해서 거의 주위를 끌지 못했지만, 그의 유명한 정리가 바로 그 책에 수록되어 있다.

만학

1829년 아버지가 죽자 그린은 몇 명의 친구로부터 대학 교육을 받으라는 권고를 받았다. 4년 동안의 독학을 통해 초등 교육의 부족한 부분을 메운 뒤, 1833년 40세의 나이로 케임브리지의 카이우스 대학Caius College에 입학했다. 그리고 1837년에 졸업했는데, 마지막 시험에서 실망스러운 결과를 얻었다. 우등 졸업 시험에서 4등을 했는데, 2등은 실베스터였다. 졸업한 뒤에도 케임브리지에 남아서 수학과 물리학 연구를 계속했는데, 1839년에는 카이우스 대학의 퍼스 특별 연구원Perce Fellow에 임명됐다. 그러나 곧 건강을 잃어 1840년에 고향으로 돌아갔다.

복원된 풍차

1923년 그린을 기리기 위해 한 지방 사업가가 그린의 풍차를 부분적으로 재건했다. 아인슈타인도 경의를 표하기 위해 그곳을 방문했다. 그 뒤 1947년에 발생한 화재로 풍차가 파괴됐다. 그리고 30년 뒤 그에 대한 기념 사업이 또 다시 제기됐는데, 제분기를 구입할 수 있는 충분한 돈을 모금했고 그 사업에 호의적인 노팅엄 시의회에 기부했다. 1980년에는 조지 그린 기념 후원회가 발족되어 2만 파운드를 확보했다. 그래서 1985년 풍차와 제분소가 다시 복원됐고, 과학 센터로 문을 열게 됐다. 1993년 그린 탄생 200주년을 기리는 행사가 영국에서 거행됐다.

아벨 Niels Henrik Abel

1802~1829

아벨은 1802년 8월 5일 노르웨이의 작은 마을 핀되Findö에서 일곱 자녀 중에서 둘째로 태어났다. 코펜하겐 대학을 졸업한 아버지Søren Georg Abel는 가난한 목사였고, 어머니Anne Marie Simonsen는 매우 쾌활하고 아름다웠다. 아벨은 어머니로부터 뛰어난 용모와 낙천성 및 불후의 업적을 남기려는 야망을 물려받았다.

당시 노르웨이는 영국 및 스웨덴과의 전쟁으로 절망적인 빈곤 상태에 있었는데, 아벨 가족도 예외는 아니었다. 1820년 아벨이 18세였을 때 아버지가 죽었고, 어머니와 여섯 명의 동생을 부양하는 짐을 떠맡게 됐다. 유순하며 낙천적인 아벨은 자신의 의무를 기꺼이 받아들였고, 개인 교습 등을 통해 생계를 꾸려 나갔다. 그러면서도 대학 교수에 대한 꿈을 잃지 않고, 열심히 수학 공부를 했다.

아벨은 1822년 크리스티아니아Kristinania 대학을 졸업했다. 당시 수학의 종주국인 프랑스 수학자들과 독일의 가우스를 만나서 자신의 연구 결과를 알려주고 대학 교수직을 구하고 싶었다. 동료들과 대학 당국의 청원에도 불구하고, 절대 빈곤 상태에 놓여 있던 노르웨이 정부는 그에게 해줄 수 있는 것이 거의 없었다. 1825년에야 왕의 명에 따라 노르웨이 정부는 아벨에게 일 년 동안 프랑스와 독일을 여행할 수 있는 경비를 지원해주었다.

노르웨이 사람으로서 수학 분야에서 가장 큰 명성을 얻을 것으로 기대됐던 아벨은 대학 교수직을 필사적으로 찾았지만 가난과 절망, 영양 부족과 결핵 및 흉곽 합병증으로 누구의 인정도 받지 못하고 겨우 26년 8개월을 산 뒤에 죽었다. 그러나 수학자들은 독특한 방법으로 청동상보다도 훨씬 더 오래가는 기념비를 아벨에게 세워주었다. 오늘날, 고등 수학에 관한 책을 읽는 사람은 누구나 많은 정리와 이론에 각인되어 있는 아벨의 이름과 마주친다. 에르미트가 말한 대로, "그는 수학자들을 500년 동안 바쁘게 만들 무엇인가를 남겼다."

홀름보에와의 만남

많은 일류 수학자와 같이 아벨도 어렸을 때 수학에서 남다른 재능을 보였다. 역설적이게도, 병적으로 잔인한 어떤 교사 덕분에 아벨의 앞날이 열렸다. 19세기 초의 교육 방식은 적어도 노르웨이에서는 매우 남성적이었다. 학생들의 성격을 강건하게 만들고 가학적인 성격의 교사를 만족시키는 가장 간단한 방법으로 체벌이 허용되었다. 뉴턴이 급우의 세찬 발길질에 분개해서 그 친구를 이기려고 학업에 열중하게 된 것과 같이 아벨이 자신에게 가해진 만행 때문에 학업에 매진하지는 않았다. 그는 어떤 학생에게 가해진 만행 때문에 자극을 받아서 진지하게 공부하게 됐다. 그 학생은 병적으로 가학적인 교사로부터 무자비한 매질을 당해서 죽었다. 이 사건으로 그 잔인한 교사는 해고되고 대신에 뛰어나지는 않았지만 유능한 수학자이며 훌륭한 교육자 홀름보에[1]가 부임했다.

당시 아벨은 15세였다. 낙천적인 성격의 그는 그때까지 어떤 특별한 재능을 보이지 않았다. 친절하고 영감적인 홀름보에의 가르침은 곧 어린 아벨이 스스로 자신의 소질을 깨우치게 만들었다. 홀름보에는 창조적인 수학자는 아니

❶ Bernt Michael Holmboë(1798~1850)

었지만, 아벨의 재능을 발견하고는 그를 독려해서 열심히 배우고 성적을 올리게 했다. 그리고 아벨은 16세 때부터 뉴턴, 오일러, 라그랑주 등의 책을 포함해서 많은 책을 혼자 읽고 완전히 습득하기 시작했다. 그 뒤로 수학은 그에게 큰 기쁨을 주었으며, 진지한 연구 대상이 되었다. 홀름보에는 평생 동안 아벨의 절친한 친구가 됐으며, 재정적으로 학문적으로 많은 도움을 주었다. 1839년 아벨의 연구 논문집의 초판을 편집한 사람도 바로 홀름보에였다.

대가들을 배움으로써

아벨은 최고 단계로 대단히 빠르게 접근해가는 그의 방법을 질문 받고 "대가들의 제자가 아니라, 대가들을 직접 배움으로써"라고 대답했다.

오차 방정식

아벨의 최초의 원대한 포부는 일반적인 오차 방정식의 해법을 찾는 것이었다. 이전의 뛰어난 대수학자들은 이 해법을 찾아내려고 무진 애를 썼지만 성공하지 못했다. 그래서 실수였지만 아벨이 오차 방정식의 해법을 찾는 데 성공했다고 확신했을 때의 기쁨을 상상하기는 어렵지 않을 것이다. 아벨은 1821년 홀름보에를 통해 당시 덴마크에서 가장 뛰어난 수학자 데겐[2]에게 잘못된 해법을 보냈다. 아벨에게는 다행스럽게, 그 수학자는 그 해법의 정당성에 대해 논의하지 않고 특수한 경우에 대해 더 연구할 것을 요청했다. 그러는 동안 아벨은 자신의 추론에서 결함을 발견했다. 그 실수는 그에게 자극을 주었고 과연 대수적인 해법이 가능한지에 대해 의심하게 했다. 그는 일반적인 오차 방정식을 거듭제곱근으로 풀 수 없다는 사실을 증명했다. 당시 그는 19세였다.

[2] Ferdinand Degen(1766~1825), 그의 이름이 붙은 8제곱 항등식(eight-square identity)을 발견했다.

거듭제곱근으로 풀 수 있는 방정식에 대한 필요 충분 조건을 완전하게 서술하지는 못했지만, 그 뒤 갈루아가 완전히 해결할 수 있는 길을 열었다.

▣ 가우스와의 악연

아벨은 일반적인 오차 방정식을 거듭제곱근으로 풀 수 없다는 증명이 실린 논문을 자비로 출판했다. 가난한 노르웨이에서 출판된 그 논문은 매우 형편없이 인쇄되었다. 하지만 아벨은 순진하게도 그 논문을 유럽 대륙의 훌륭한 수학자들에게 접근할 수 있는 과학적인 통행증으로 생각했다. 특히, 가우스가 논문의 우수성을 인식하고 그에게 형식적인 면담 이상의 대우를 해줄 것이라고 희망했다.

아벨은 가우스에게 논문을 보냈는데, 믿을 만한 목격자들을 통해서 가우스가 논문을 어떻게 취급했는지 들었다. 가우스는 논문을 읽지도 않고 "여기에 또 다른 괴물이 있다!" 고 분통을 터뜨리며 옆으로 던져버렸다고 한다. 그 뒤 아벨은 가우스를 몹시 미워했으며, 기회가 있을 때마다 그를 비난했다.

가우스는 이런 '오만한 무시' 에 대해 자주 비난을 받았다. 그러나 이 사건으로 가우스를 판단하는 것은 적절하지 않다. 일반적인 오차 방정식에 대한 문제는 당시 악명이 매우 높았다. 존경할 만한 수학자만이 아니라 아마추어도 이 문제를 풀려고 애를 썼다. 오늘날, 어떤 수학자가 원의 구적 문제를 해결했다는 편지를 받으면 거의 틀림없이 그 편지를 휴지통에 던져버릴 것이다. 왜냐하면 수학자는 자와 컴퍼스만을 사용해서 원의 구적이 불가능하다는 사실을 1882년 린데만❸이 증명했음을 알고 있기 때문이다. 1824년에 일반적인 오차 방정식의 문제와 원의 구적 문제는 거의 동등한 상황에 있었다. 그러므로 가우스는 그 논문을 휴지통에 던져버릴 수도 있었을 것이다.

그래도 그 논문은 그렇게 나쁘지는 않았다. 왜냐하면 일반적인 오차 방정식을 거듭제곱근으로 풀 수 없다는 사실이 당시에는 알려지지 않았기 때문이다. 만약 가우스가 인내심을 갖고 그 논문을 세심하게 읽어봤다면, 아벨의 생명은 좀 더 연장될 수 있었을 것이다.

크렐레와의 만남

1825년 9월, 노르웨이를 떠난 아벨은 먼저 스웨덴과 덴마크의 저명한 수학자들과 천문학자들은 만났다. 그리고 가우스가 있는 괴팅겐으로 가지 않고 베를린으로 갔다.

아벨은 그곳에서 크렐레를 만나는 행운을 얻었다. 크렐레는 당시 자신의 기금으로 거대한 투자를 할 결심을 하고 있었으며 스스로는 탐탁하게 여기지 않았지만 베를린에 있는 상업 학교의 시험관직을 맡고 있었다. 아벨이 크렐레의 방으로 들어갔을 때, 크렐레는 그가 상업 학교의 입학 시험에 응시하러 온 학생으로 생각했다. 그러나 아벨은 시험을 치르러 온 것이 아니라 수학에 대해 이야기하고자 찾아왔다고 말했다. 그래서 크렐레는 그가 연구한 수학이 무엇인지를 물었다. 아벨은 매우 '외교적으로' 자신은 '계승'에 관한 크렐레의 1823년 논문을 매우 흥미롭게 읽었다고 이야기를 시작했다. 그러다가 '비외교적으로' 그 논문의 일부는 매우 잘못됐다고 지적했다. 크렐레는 젊은이가 자신의 논문에 있는 결함을 감히 지적하는 것에 분개하지 않고, 큰 관심을 갖고 세세한 내용을 물었다. 그들은 수학에 대해 오랫동안 토론했다. 그러나 크렐레가 이해할 수 있는 것은 일부분에 불과했다. 어쨌든 크렐레는 본능적으로

❸ Carl Louis Ferdinand von Lindemann(1852~1939), 괴팅겐, 에를랑겐, 뮌헨 대학에서 공부하고 에를랑겐 대학에서 클라인의 지도로 1873년에 박사 학위를 받았다. 영국과 프랑스의 여러 대학에서 공부하고 1877년에 뷔르츠부르크(Würzburg) 대학에서 교수 자격을 취득했다. 1877년 프라이부르크(Freiburg) 대학, 1883년 쾨니히스베르크 대학을 거쳐, 1893년부터 뮌헨 대학 교수로 여생을 마쳤다.
e가 초월수임을 증명한 에르미트의 방법을 이용해서, 1882년에 원주율 π가 초월수임을 증명했고, 이에 따라 자와 컴퍼스로 주어진 원과 넓이가 같은 정사각형을 작도할 수 없다는 사실을 밝혔다.

아벨이 일류 수학자임을 감지했고, 그 뒤로 아벨을 위해 할 수 있는 모든 일을 했으며, 면담이 끝나기 전에 자신이 계획하고 있는 잡지의 최초의 투고자 중 한 사람으로 아벨을 선택했다. 그는 모든 곳에 아벨을 소개했으며, 적어도 다섯 편의 아벨의 긴 논문을 자신의 잡지에 실어주었다. 일반적인 오차 방정식을 거듭제곱근으로 풀 수 없다는 그의 논문도 《크렐레의 잡지》에 실렸다. 크렐레의 집요한 노력의 결과로 베를린 대학은 드디어 아벨을 교수로 초빙하기로 결정했다. 그러나 불행하게도 이렇게 좋은 소식은 아벨이 죽고 이틀이 지난 뒤에야 노르웨이에 전달됐다.

프랑스와의 악연

아벨은 베를린의 매우 사교적인 분위기가 자신의 연구를 산만하게 만들었기 때문에, 집중을 위해 프라이부르크로 떠났다. 그곳에서 현재 '아벨의 정리' 라고 부르는 걸작품을 만들었다. 그리고 프랑스의 뛰어난 수학자들을 만나기 위해 파리로 향했다. 파리에서 많은 수학자를 만났다. 르장드르, 코시, 아셰트, 푸아송, 푸리에, 앙페르 등이 그가 만난 사람이었다. 그들은 아벨에게 형식적으로 정중하게 대해 주었을 뿐, 그의 연구 업적은 들으려 하지 않았다.

아벨은 '아벨의 정리' 가 실린 뛰어난 논문 〈매우 확장된 종류의 초월 함수들의 일반적 성질〉의 심사와 출판 가능성을 알아보기 위해 프랑스 과학원에 제출하도록 코시에게 맡기고 프랑스를 떠났다. 자신의 연구에 매우 바빴던 코시는 그 논문을 아셰트에게 넘겨주었는데, 그는 1826년 10월 10일 그것을 과학원에 제출했다. 이에 따라 르장드르와 코시가 그 논문의 심사 위원으로 지명됐다. 당시 르장드르는 74세였고 코시는 39세였다. 그리고 2년이 흘렀지만, 아벨은 자신의 논문에 대해 아무것도 듣지 못했다. 결국 야코비에게 편지를 보내서 자신의 사정을 알려 주었다. 1829년 3월 14일, 야코비는 그 뛰어난 논문의 운명을 확인하려는 노력의 일환으로 르장드르에게 편지를 보냈다. 르장드르는 답장에서 그 논문을 읽기가 거의 불가능하며, 잉크는 거의 알아볼 수 없고 글자들의 형태가 나쁘게 변형되어 저자는 좀 더 읽기 편한 원고를 다시 제출할 것을 바란다고 썼다. 코시는, 아마도 새로 쓰도록 아벨에게 연락하기 위해서, 그 논문을 집으로 가지고 갔다가 잘못 처리했고 곧 그것에 대해 잊은 것으로 보인다. 아벨이 자신의 논문을 찾고 있다는 사실이 결국 노르웨이 정부까지 알려졌고, 파리에 있던 노르웨이 영사는 과학원을 환기시켜 그 논문의 처리 결과를 얻기 위해 잃어버린 논문에 대한 작은 외교적인 소란을 야기했다. 이에 따라, 코시는 그 논문을 되살렸고, 1830년 프랑스 과학원은 모든 실수에 대해 변상했으며, 야코비와 함께 아벨에게 대상을 수여했다. 그러나 이때는 아벨이 이미 죽은 뒤였다.

1841년이 되어서야 아벨의 획기적인 논문이 드디어 출판됐다. 그런데 여기에서도 변명의 여지가 없는 실수가 또 발생했다. 교정본이 읽혀지기 전에, 편집자와 인쇄업자 사이에서 그 논문의 원본이 분실됐다.

크렐리와 케일하우

켐프

아벨은 1823년에 코펜하겐에서 데겐을 포함해서 덴마크의 수학자들을 방문한 적이 있었다. 이때, 가족과 친지로부터 크렐리Crelly라고 불린 켐프Christine Kemp를 만났고 곧 약혼했다. 그는 죽기 직전에 약혼녀가 가정교사로 일하고 있던 프롤란드Froland에 있는 영국인 스미스 부부의 집에서 보냈다. 크렐리의 극진한 시중과 사랑스러운 간호에도 불구하고 그는 점점 더 약해졌고 기침은 늘어갔다. 그의 마지막 생각은 사랑하는 크렐리의 장래에 관한 것이었다. 그래서 친한 친구인 케일하우

Baltazar Mathias Keilhau에게 편지를 보내어 자신이 죽은 뒤에 크렐리를 돌봐달라고 간청했다. 아벨은 자신이 죽은 뒤에 그녀와 결혼할 수 있다고 표현했다. (아마도 반은 농담이었을 것이다.)

크렐리와 케일하우는 한 번도 만난 적이 없었다. 그러나 그 충실한 친구는 아벨이 죽고 몇 달이 지난 뒤 그 의무를 심각하게 생각하고는 크렐리에게 편지를 보냈는데, 죽은 친구의 소원을 성취하는 가장 아름다운 방법은 그녀와 자신이 결혼하는 것이라는 결론을 얻었다고 썼다. 1830년 1월, 크렐리의 26째 생일 날 두 사람은 약혼하고, 다음 해 가을에 결혼했다.

아벨은 스미스 부부를 위해 마련해 두었던 자리인 프롤란드 교회에 묻혔다. 아직도 약혼 상태였던 크렐리와 케일하우는 무덤에 마지막 경의를 표하기 위해 프롤란드 교회로 갔다. 케일하우가 아벨을 위한 영구적인 기념비를 세우려고 기금을 모집할 생각이 떠오른 것은 바로 그 때였다. 오늘날 프롤란드 교회를 여행하는 방문객은 친구를 위해 케일하우가 세운 기념비를 볼 수 있다.

야코비의 평가

당대의 뛰어난 수학자들을 매우 관대하게 평가했던 야코비는 아벨의 걸작 중 하나에 대해 다음과 같이 말했다. "이것은 내 작품보다 뛰어나기 때문에 어떻게 칭찬을 해도 부족하다."

영예로운 노르웨이인

살아있을 때 관심도 인정도 받지 못한 아벨은 죽은 뒤에야 인정을 받았다. 노르웨이의 가장 위대한 수학자인 그의 얼굴이 노르웨이 우표와 지폐에 나타난다.

▣ 아벨상

노르웨이 정부는 천재 수학자 아벨을 가리기 위해 아벨상을 제정하고 매년 수학 분야에서 탁월한 업적을 쌓은 학자에게 수여하고 있다. 아벨의 탄생 200주년을 기념해서 2002년 3백억원의 기금을 마련했고, 2003년부터 순수·응용수학 분야의 심도 있고 영향력 있는 연구 성과에 대해 아벨상을 주고 있다. 연령에 관계없이 매년 1명에게 수상하는 것이 원칙이나, 공동 연구로 큰 성과를 낸 경우 공동 수여할 수 있다. 상금은 92만 달러(약 8억 4000만원)이다.[4]

❶ KISTI의 과학향기 〈http://hani.co.kr/popups/print.hani?ksn=251682〉에서 인용

볼리아이 János Bolyai

1802~1860

야노스 볼리아이는 1802년 12월 15일 헝가리의 콜로즈바르❶에서 태어났다. 곧 아버지가 교편을 잡고 있던 마로스바사르헬리❷로 이사갔고, 그곳에서 중등 교육을 받았다. 아버지로부터 수학을 직접 배웠다. 빈에 있는 왕립 공과대학에 입학해서 군사 공학을 전공했는데, 원래 7년 과정을 5년만에 (1818년부터 1822년까지)에 끝마쳤다. 대부분의 과목에서 최우수 성적을 받았다.

아벨은 1823년에 공병 장교가 되어 11년을 근무했다. 조그만 요새에서의 짜증나는 근무 중에도 유클리드의 제5공준의 연구에 몰두했다. 10년 동안의 고생 끝에 제5공준이 증명 불가능하다고 결론을 내렸고 비유클리드 기하학을 발견했다. 이를 발표한 뒤, 가우스가 이미 이를 예견했었고 로바체프스키가 이에 관해 먼저 발표한 사실을 알고 큰 충격을 받았다고 한다. 군에서 은퇴한 뒤 넉넉지 못하게 살면서도 수학을 꾸준히 연구해서 2000쪽 이상의 원고를 남겼지만, 발표하지는 않았다.

야노스 볼리아이의 아버지 파르카스 볼리아이❸는 콜로즈바르 대학과 예나 대학을 거쳐 1796년부터 1799년까지 괴팅겐 대학을 다녔다. 당시 동료

❶ Kolozsvár, 현재 루마니아의 클루지(Cluj)
❷ Maros-Vásárhely, 현재 루마니아의 티르구-무레스(Tirgu-Mures)
❸ Farkas Wolfgang Bolyai(1775~1856)

학생인 가우스와 절친한 친구가 됐다. 두 사람은 많은 시간을 같이 보냈으며, 수학적 발상들을 교환했고, 오랫동안 함께 산책하기도 했다. 파르카스 볼리아이는 마로스바사르헬리 대학에서 수학, 물리학, 화학 교수가 됐고, 초등 수학에 관한 저서를 많이 남겼다.

파르카스 볼리아이

귀중한 기념품

가우스가 정17각형을 자와 컴퍼스만으로 작도할 수 있다는 사실을 발견한 것은 19세 때였다. 그리고 그가 자신의 삶과 재능을 수학 연구에 바치기로 결정하게 만든 것이 바로 이 발견이었다고 한다. 그는 감동적이고 황홀한 발견의 순간에 자와 컴퍼스를 이용해서 정다각형들을 작도한 석판을 대학 시절의 절친한 친구인 파르카스 볼리아이에게 주었다. 볼리아이는 평생 동안 그 석판을 위대한 수학자에 대한 경의와 친구에 대한 우정의 표시로 생각해서 매우 귀중한 기념품으로 소중하게 간직했다.

세 개의 사과

파르카스 볼리아이가 말한 두 가지 논평이 자주 인용되고 있다. 첫째는 가우스에 대한 찬사인데, 가우스를 "아주 높은 위치에서 별과 심연을 한눈으로 조망할 수 있는 수학의 거인" 이라고 불렀다. 둘째는 겸손한 요구였는데, 자신의 무덤 묘비에 세 개의 사과가 달린 사과나무 하나만을 새겨달라고 부탁했다. 세 개의 사과 중 하나는 이브, 다른 하나는 지구를 지옥으로 만든 에리스[4], 마지막 하나는 지구를 천상의 가족 품안에 다시 올려 준 뉴턴의 사과를 각각 의

[4] Eris, 그리스 신화에 나오는 불화와 싸움의 여신.

미하는 것이었다.

다양한 관심사

파르카스 볼리아이는 여러 가지 분야에 관심을 쏟았다. 그는 수학 연구 이외에 희곡을 쓰고 비극 시를 짓는 데 상당히 많은 시간을 보냈으며, 포프[5]의 《인간에 대한 소론Essay on Man》을 헝가리어로 번역했다. 그리고 음악을 사랑했으며 바이올린을 연주했다.

그에게는 별난 형태의 아궁이를 설계하는 특이한 취미도 있었다. 트란실바니아Transylvania의 국내 경제는 그가 고안한 특별한 배열의 굴뚝을 가진 아궁이 때문에 혁신됐다는 이야기가 있다.

그의 방에는 아궁이 모형들이 널려 있었으며, 그가 좋아하는 바이올린으로 방을 장식했다. 여기저기 사진이 걸려 있었는데, 그 중에는 그의 친구 가우스, '천성적으로 어린이' 라고 부른 셰익스피어, '셰익스피어의 손자' 라고 부른 실러 등의 사진이 있었다.

그는 종종 이 세계를 진흙 구덩이와 비교했다는 이야기가 있는데, 여기에서 억압된 영혼은 죽음에 이를 때까지 어려움을 겪으며 구원의 천사가 이런 구속에서 해방시켜 더 행복한 왕국을 방문할 수 있도록 만든다고 생각했다.

아버지의 영향

오늘날 파르카스 볼리아이는, 비유클리드 기하학을 독자적으로 발견한 야노스 볼리아이의 아버지로 특별히 기억되고 있다. 그런데 비유클리드 기하학에 관한 야노스 볼리아이의 논문은 파르카스 볼리아이가 펴낸 책의 부록으로

[5] Alexander Pope(1688~1744), 영국의 시인

발표됐다. 사실, 파르카스 볼리아이는 괴팅겐 대학을 다닐 때, 유클리드의 공리에 대해 특히 평행선 공준에 대해 숙고했으며 이에 대해 가우스와 논의하기도 했다. 야노스 볼리아이에게 유클리드의 평행선 공준에 대해 처음으로 흥미를 불어넣은 사람이 파르카스 볼리아이라는 사실은 의심의 여지가 없다.

그렇지만 파르카스 볼리아이는 1820년 아들 야노스 볼리아이에게 쓴 편지에서 평행선 공준에 대한 아들의 연구를 말렸다.

"너는 이것을 모든 악행과 마찬가지로 혐오해야 한다. 이것은 너로부터 인생의 모든 여유, 건강, 휴식, 행복을 빼앗아 갈 것이다. 이 한없이 깊은 어둠은 1000명의 뉴턴도 파멸시킬 수 있다. 전혀 희망이 없을 것이다.…"

사상사에서 가장 뛰어난 24쪽

미국 수학자 홀스테드❻는 야노스 볼리아이의 〈절대 공간의 과학Science of Absolute Space〉을 '사상사에서 가장 뛰어난 24쪽'이라고 공언했다. 이 논문은 야노스 볼리아이가 비유클리드 기하학을 다룬 내용을 발표한 것인데, 아버지가 쓴 초등 수학에 대한 약간 철학적인 책의 부록의 형태로 1831년에 발표했다. 야노스 볼리아이는 이미 1820년에 쌍곡 기하학의 기초적인 개념들을 전개하기 시작했다. 1823년에는 새로운 기하학의 진정한 본질을 이해했는데, 이 해에 아버지에게 보낸 편지에 다음과 같이 썼다. "저는 아무것도 없는 것으로부터 이상하고 새로운 우주를 창조했습니다."

재능과 성격

야노스 볼리아이는 장교가 되기 위한 군사 교육을 받았지만, 창조적인 수

❻ George Bruce Halsted(1853~1922), 존스 홉킨스 대학에서 실베스터의 기도로 박사 학위를 받고, 프린스턴, 텍사스, 세인트 존스, 케니언, 콜로라도 주립 대학 교수를 역임했다.

학자로서, 열정적인 바이올린 연주자로서, 능숙한 펜싱 선수로서도 두각을 나타냈다. 그는 오스트리아 · 헝가리 군대에서 최고의 검술가이며 댄서였다.

야노스 볼리아이는 여러 외국어에 능통했는데, 중국어와 티베트어를 포함해서 아홉 가지 언어를 구사할 수 있었다. 그는 말년에 만국 공통어를 만드는 일을 고려했다.

야노스 볼리아이는 내향적인 성격으로 대부분의 시간을 은둔자로 보냈다. 담배를 피우지 않았고 술은 물론이고 커피도 마시지 않았다. 그와 접촉했던 사람들은 그가 생각하고 행동하는 방법이 남다름에 놀랐다.

음악이 있는 결투

야노스 볼리아이는 수비대에 근무할 때, 동료 기병대 장교 13명으로부터 결투 신청을 받았다고 한다. 이에 결투와 결투 사이에 잠시 동안 바이올린을 연주할 수 있다는 조건으로 이를 받아들였다. 그는 13번의 결투 모두에서 승리했다.

그뒤 야노스는 대위로 승진했는데, 새로운 계급에 할당된 수당을 받고 곧바로 은퇴한다는 조건이 붙었다. 정부는 손익을 계산할 수밖에 없었는데, 젊은 장교의 손실이 발생하는 결투 사건을 또다시 감내할 수 없었기 때문에 내린 조치였다.

비교

로바체프스키의 천재성을 장하다고 표현한다면, 야노스 볼리아이의 천재성은 놀랍다고 할 수 있다. 로바체프스키가 긴 생애 동안 지속적인 노력으로 이룬 업적을 야노스 볼리아이는 단숨에 머릿속에서 이룬 것으로 보인다. 로바체프스키의 끈기를 점진적으로 변하는 행성에 비유한다면, 볼리아이의 경력은 찬란하지만 순간적인 유성에 비유된다.

어떤 기념물

형가리에서의 수학 연구는 파르카스 볼리아이와 아들 야노스 볼리아이로부터 시작됐다. 볼리아이 부자는 오늘날 부다페스트 시의 세 개의 길 이름으로 기억되고 있다.

수 신비주의의 예 – 비유클리드 기하학

비유클리드 기하학의 역사를 읽다보면, 이 분야에서 초기에 업적을 남긴 유명한 사람들의 출생 연도와 논문 출판 연도에 반복적으로 나타나는 숫자들을 곧 발견할 수 있다. 비유클리드 기하학의 역사에 나타나는 주요한 연도들을 프로클로스의 《유클리드 주석서Commentary on Euclid》 제1권 유럽판의 출판부터 나열하면 다음과 같다. (유클리드의 평행선 공준에 대한 관심을 새롭게 일깨워준 것은 바로 이 프로클로스의 책이었다.)

프로클로스의 《유클리드 주석서》 제1권은 유럽에서 1533년에 출판됐다.

월리스(1616~1703) : 1663년 월리스는 평행선 공준을 '증명' 했다고 믿었다.

사케리(1667~1733) : 1733년 평행선 공준에 대한 사케리의 책이 출판됐다.

람베르트(1728~1777) : 1766년 람베르트는 평행선 공준에 대한 미완성 책을 썼는데, 이것은 사케리의 책이 출판되고 정확하게 33년이 지난 뒤였다. 1788년 람베르트의 친구들이 그의 책을 출판했는데, 이는 람베르트가 죽고 정확하게 11년이 지난 뒤였다.

르장드르(1752~1833)

가우스(1777~1855)

볼리아이(1802~1860) ; 1823, 1829, 1832년은 평행선 공준에 대한 볼리아이의 연구와 관련된 중요한 연도이다.

로바체프스키(1793~1856) ; 1829~30, 1840년은 평행선 공준에 대한 로바체프스키의 연구와 관련된 중요한 연도이다.

볼리아이와 로바체프스키 이전에, 위의 연도들에서 반복되는 숫자가 나타난다. 그런데 이런 반복은 볼리아이에 이르러 끝이 난다. 확실히, 여기에는 피타고라스가 부여했을 신비로운 의미가 있음에 틀림없다. 그것은 아마도 다음과 같을 것이다.

볼리아이 이전의 연구자들은 평행선 공준이 유클리드의 다른 공준들로부터 유도될 수 있을 것이라고 생각했으며, 평행선 공준에 대한 어떠한 부정도 틀림없이 모순에 이를 것이라고 생각했다. 적어도 이것은 가우스를 제외한 볼리아이 이전의 모든 연구자에 대해 확실하다. 그러나 가우스의 경우에도, 비록 평행선 공준의 부정이 어떠한 모순도 야기할 수 없다고 믿었지만, 이를 공개적으로 말할 수 있는 용기는 결코 갖고 있지 않았다. 역사상 최초로 볼리아이와 로바체프스키가 평행선 공준은 유클리드의 다른 공준들과 독립적이고 따라서 다른 공준들로부터 유도될 수 없다는 믿음을 명확한 말로 공개적으로 발표했을 때, 반복되는 숫자의 행진은 끝이 났다.(?)

야코비 Carl Gustav Joseph Jacobi

1804~1851

'야코비안(야코비 행렬식)'을 통해 잘 알려진 야코비는 1804년 12월 10일 프로이센(현재 독일)의 포츠담에서 부유한 유대인 은행가Simon Jacobi의 둘째 아들로 태어났다. 1821년 베를린 대학에 입학해서 수학을 배웠고, 1824년 박사 학위를 취득했다. 기독교로 개종해서 그 해에 베를린 대학 강사가 될 수 있었으며, 1826년 쾨니히스베르크 대학으로 옮겼고 이듬해에 조교수로 1832년에는 정교수로 승진했다. 건강 때문에 1843년에는 이탈리아에서 요양했고, 1844년부터는 베를린 과학원의 회원이라는 자격으로 베를린 대학에서 강의했다.

야코비는 수학사에서 위대한 수학자의 한 사람으로 간주된다. 생존시 아벨과 경쟁 관계에 있었고, 독일에서는 가우스 다음의 지위를 차지했다. 그는 1851년 천연두로 병사했다.

타고난 천재

야코비는 12세 때까지 외삼촌으로부터 고전과 수학을 배웠는데, 곧 신동으로 밝혀졌다. 1816년 포츠담 김나지움에 입학한 첫 해에 최고 학년의 수업을 받았다. 베를린 대학에는 16세 미만의 학생이 입학할 수 없었기 때문에, 김나지움에서 4년 동안 같은 학년을 반복해서 다녀야 했는데, 졸업할 때 고전, 역사, 수학에서 최고 성적을 올렸다.

그는 모든 교사로부터 칭찬을 받았다. 어린 학창 시절에 그리스어로 시를 지었다는 사실에서 그의 또 다른 재능을 알 수 있다. 그런 시를 학생들 앞에서 암송한 적이 있었다.

독일의 교육 체계

당시 독일의 대학생은 졸업할 때, 특정한 직업을 선택하는 데 필요한 자격증을 취득하기 위한 시험을 치르거나❶ '박사Doktor' 가 되기 위한 시험을 치러야 한다. 박사 학위를 받기 위해서는 논문도 써야 하는데, 독창적인 연구 결과를 요구하지는 않는다.

교수가 되기 위해서는 박사 학위를 받은 뒤에 '무급 강사(Privadozent, 사강사)' 를 거쳐야 하는데, 봉급은 없으며 대학의 후원으로 강의를 개설하고 수강생들로부터 직접 일정한 수강료를 받을 수 있었다. 이 단계를 지나면 지원자는 독창적인 연구 결과를 포함한 논문인 '대학 교수 자격 취득 논문Habilitations-schrift' 을 제출해야 한다. 그리고 몇 가지 주제에 대한 강의를 준비해서 제시하면 교수들이 선택한 주제에 대해 시험 강의인 '대학 교수 자격 취득 강의Habilitationsvortag' 를 해야 한다.

이 모든 과정을 통과하면 통상 조교수 또는 부교수로 번역하는 'ausser-ordentliche professor(라틴어로는 professor extraordinarius)' 가 된다. 마지막 단계는 정교수로 번역하는 'ordentliche professor(라틴어로는 professor ordinarius)' 가 되는데, 급여와 지위가 상당히 향상된다.

야코비는 1824년에 부분 분수에 관한 박사 학위 논문을 썼고, 그 다음 해에 대학 교수 자격 취득 과정을 끝마쳤으며, 유대교에서 기독교로 개종했다. 베

❶ 야코비는 1823~24년 말에 중등학교 수학, 그리스어, 라틴어 교사가 되기 위한 시험을 통과했다. 유대인이었지만, 뛰어난 실력 때문에 1825년에 베를린의 한 김나지움에서 교사 자리를 제의 받았다.

를린 대학에서는 승진할 기회가 적다고 생각한 그는 1826년에 동프로이센의 쾨니히스베르크 대학으로 옮겼는데, 그 다음 해에 조교수가 됐고 5년 뒤에는 정교수가 됐다.

▣ 야코비의 말

야코비는 당시 김나지움 교사였던 쿠머의 논문을 보고 곧바로 그의 수학적 재능을 알아챌 수 있을 만큼의 혜안이 있었다. 그리고 언제나 당대의 뛰어난 수학자들을 매우 관대하게 평가했다. 아벨의 한 논문에 대한 야코비의 찬사를 기억할 것이다.

야코비는 뛰어난 교사였는데, 수학에서 최근에 발견된 내용을 세미나 형식으로 가르침으로써 연구 과정 학생들을 교육한 최초의 사람에 속한다. 그런데 대부분의 학생은 연구를 시작하기 전에, 이미 발견된 사실들을 먼저 습득해야 한다고 생각한다. 야코비는 이런 생각을 불식하고 독자적인 연구에 관심을 갖게 하기 위해서 다음과 같은 말을 즐겨했다. "자네 아버지가 한 명의 여자와 결혼하기 위해서 이 세상의 모든 여자를 알고자 고집했었다면, 자네 아버지는 결코 결혼할 수 없었을 것이고 자네는 태어나지도 않았을 것이네."

야코비는 굉장한 정열로 수학을 연구했다. 그래서 종종 건강이 위험한 지경에 이를 정도까지 됐다. 그를 걱정하는 친구에게 다음과 같이 대답했다. "물론 나는 가끔 과로로 건강이 위험한 지경에 이른다. 그렇지만 그게 무슨 상관이 있겠는가! 단지 양배추만이 우울함을 모르고 근심도 없다. 그래서 양배추는 그런 완전한 행복으로부터 무엇을 얻는다는 말이냐?"

야코비는 응용 수학에 대해 순수 수학을 방어하기 위한 목적으로 다음과 같이 지적했다. "푸리에가 수학의 주요한 목적은 공적인 유용성과 자연 현상에 대한 설명이라는 견해를 가졌다는 점은 진실이다. 그러나 그와 같은 견해를 가진 철학자는 수학의 유일한 목적이 인간 정신의 영예이며 이런 관점에서 수에 관한 문제(와 이론)가 세상의 이치에 관한 문제와 똑같은 가치를 가진다는 사실을 반드시 알아야 한다."[2]

야코비는 오만하거나 뽐내는 사람을 결코 존경하지 않았다. 다음과 같이 말한 적이 있다. "내가 폭군이나 외무 장관에게 말을 해야 한다면, 나는 면전에서 그들을 실망시키는 고통을 감수하겠다."

야코비의 우스갯소리는 여러 가지 상황에서 나타났다. 그는 많은 학자들과 함께 자기 친구인 천문학자 프리드리히 베셀의 강연을 들은 적이 있었다. 강연이 끝났을 때, 베셀이 실제로 새로운 이야기를 하지 않았다고 몇 명이 불평했다. 이에 야코비가 대답했다. "예, 그렇습니다. 베셀이 오늘 아침 한 시간 동안 함께 산책하면서 자신의 강연 내용을 나에게 미리 설명해 주지 않았다면, 나도 이 강연을 이해하지 못했을 것입니다."

헤퍼니크 사건

야코비가 쾨니히스베르크 대학에서 강의하고 있었을 때, 재치 있는 입담 실력을 또다시 발휘했다. 당시 정통파 신학자 헤퍼니크Havernick가 그 대학에 임명됐다. 그런데 학생들은 헤퍼니크를 싫어했는데, 10여 년 전 그가 할레 대학 학생이었을 때 합리적인 신학자 게젠니우스[3]와 베그샤이더[4]를 처벌하는 과정에서 밀고자의 역할을 했기 때문이었다. 이에 따라 학생들은 헤퍼니크가 쾨니히스베르크 대학에서 첫 강의를 할 때 사건을 일으켰다. 계획에 따라서,

[2] *The American Mathematical Monthly*, vol 99, no 9, p. 855.

[3] Wilhelm Gesenius(1786~1842), 독일의 동양학자와 성경 평론가. 헬름슈타트 대학과 괴팅겐 대학에서 신학과 철학을 공부하고, 1810년에 조교수, 1811년부터 할레 대학 정교수를 지냈다.

[4] Julius Wegscheider(1771~1849), 독일의 신학자. 헬름슈타트 대학에서 신학을 전공하고, 1806년부터 린텔른(Rinteln), 1815년부터는 할레 대학 신학 교수를 지냈다.

모든 학생이 강의실에 밀려들어가서 헤퍼니크로 하여금 대단히 인기가 있는 것처럼 오해하게 만들었다. 그렇지만 헤퍼니크가 첫 마디를 시작하자마자 학생들은 떠들썩거리며 재빠르게 강의실을 빠져나갔고, 어찌할 바를 모르는 교수를 강단에 홀로 남겨두었다. 격앙한 헤퍼니크는 이런 사건을 일으킨 무례한 학생들을 퇴학시키려고 대학 이사회가 주관하는 청문회를 열게 했다. 대학 총장인 해부학자 부르도흐Burdoch는 강의실의 강렬한 열기와 습기 때문에 학생들이 뛰쳐나갔다고 주장하면서 헤퍼니크에게 용서를 빌었다. 이에 대해 야코비는 세 명의 학생이면 강의를 개설할 수 있기 때문에 강의실을 마지막으로 떠난 세 명에게 강의를 못하게 만든 벌을 주면 될 것이라고 지적했다.

◎ 야코비 형제

카를 야코비의 형 모리츠 야코비[5]는 전기판술galvanoplastics이라는 당시에 유행했던 엉터리 치료법의 창시자로서 명성을 날렸다. 그의 명성은 수학자 카를을 완전히 압도했다. 평생 동안 카를은 이름이 더 잘 알려진 형과 자주 혼동됐는데, 더 나쁜 점은 유명한 엉터리 의사의 동생으로 자신이 소개되는 것이었다. 이런 혼동에 분개해서 카를은 "나는 그의 동생이 아니다. 그가 나의 형이다."라고 주장하기도 했다. 이제 시간이 흘러, 모리츠는 단지 카를의 형이라는 사실만으로 알려지고 있다.

[5] Moritz Hermann Jacobi (1801~1874), 독일과 러시아에서 활동한 물리학자 · 전기공학자

디리클레 Johann Peter Gustav Lejeune Dirichlet

1805~1859

디리클레는 1805년 2월 13일 뒤렌Düren에서 태어났다. 현재 독일 영토인 이 지역은 19세기 초에는 프랑스에 속해 있었다. 12세 때 본에 있는 김나지움에 입학했는데, 2년 뒤에 부모는 그를 예수회 학교로 전학시켰고 법학을 배우게 했다. 그러나 그는 이미 수학을 전공하기로 결심했으며, 용돈으로 수학 책을 사서 읽었다. 그리고 물리학자 옴❶의 지도로 이론 물리학의 기초를 다졌다. 1822년 프랑스로 유학 갔고 1825년 페르마의 마지막 정리에서 $n=5$인 경우에 대한 증명으로 명성을 얻었다. 1826년 독일로 되돌아가서 브레슬라우❷ 대학에서 무급 강사와 부교수를 지냈고, 1828년 베를린으로 가서 군사 학교에서 가르치면서 이와 동시에 베를린 대학에서 무급 강사부터 시작해서 3년 뒤에는 부교수, 1839년에 정교수가 됐다. 그의 지도력으로 베를린 대학은 수학에서 높은 명성을 쌓기 시작했다. 1831년에는 베를린 과학원 회원이 됐다. 1855년 가우스가 죽은 뒤 괴팅겐 대학에 초빙됐다가 1859년 그곳에서 병사했다.

디리클레는 정수론, 급수론, 수리 물리학 등 여러 분야에서 중요한 공헌을 했다. 특히 그는 함수에 대한 현대적인 정의를 내렸으며, 퍼텐셜 이론에서 경계값이 주어진 조화 함수의 존재를 논하는 '디리클레의 문제'를 다루었다.

❶ Georg Simon Ohm(1789~1854), 독일의 물리학자

❷ Breslau, 현재 폴란드 남서부의 브로츨라프(Wrocław)로, 당시는 독일령

형편없는 교수법

디리클레는 기품 있고 성실하며 인간미 넘치고 겸손한 사람이었다. 그러나 젊은이와 의사 소통하는 능력이 부족했던 것으로 보인다. 디리클레의 아들은 천재 아버지로부터 언제나 도움을 받을 수 있을 것이라고 친구가 부러워하자, "오! 우리 아버지는 하찮은 것을 더 이상 알고 있지 않아."라며 통탄스럽게 아쉬움을 나타냈다. 디리클레의 익살맞은 조카 헨젤Sebastian Hensel은 자신이 인문계 고등학교 6학년과 7학년 때 삼촌으로부터 받은 수학 교육이 그의 인생에서 가장 무서운 경험이었다고 자신의 전기에 썼다.

디리클레는 강의할 때마다 시간을 맞추지 못했으며 정해진 시간을 넘기곤 했다. 그런데 시계를 꺼내어 강의 시간이 끝났음을 확인하면, 쓰고 있던 문장도 끝내지 않고 강의실을 뛰어 나갔다.

편지를 쓰지 않다

디리클레는 점잖고 친절했지만, 매우 보수적이었고 거의 편지를 쓰지 않았다. 가족 중 그의 편지를 받는 경우가 있다면, 그 편지는 매우 희귀한 문서로 소장됐다.

디리클레는 1831년에 결혼했는데 첫째 아이가 태어났을 때도 이 사실을 알리는 편지를 처가에 보내지 않았다. 장인은 당시 런던에 있었다. 결국 이 사실을 알게 된 장인이 말했다. "디리클레는 적어도 2+1=3이라고 쓸 수 있어야 했다." 재치 있는 이 장인은 철학자 모제스 멘델스존[3]의 아들이며 작곡가 펠릭스 멘델스존[4]의 아버지인 아브라함 멘델스존Abraham Mendelssohn이었다.

[3] Moses Mendelssohn 1729~1786), 독일의 철학자
[4] Felix Mendelssohn(1809~1847), 독일의 작곡가

휴강 공고

디리클레는 베를린 대학에서 1854년 여름 학기에 강의했는데, 그 강의록은 50년 뒤인 1904년에 출판했다. 이 강의와 관련된 다음과 같은 일화가 있다.

학기중 병을 얻은 디리클레는 '정적분' 에 관한 강의를 연기해야 했다. 그는 이 사실을 다음과 같이 작은 글씨로 쓴 공고문을 17호 강의실의 출입구에 붙여서 학생들에게 알렸다.

병 때문에 오늘 강의를 할 수 없습니다.

디리클레

디리클레는 거의 1주일 동안 계속해서 결근했으며, 이 공고문은 출입구에 계속 붙어 있었다. 드디어 한 학생이 다음과 같이 정적분 꼴로 이 공고문을 수정했다.

$$\int_{\text{부활절}}^{\text{성 미카엘 축일}} (\text{병 때문에 오늘 강의를 할 수 없습니다})\, d(1\,Frdor)$$

디리클레

1 Friedrichsd'or는 통상 한 학기 강의분의 보수를 의미하고, 성 미카엘 축일은 9월 29일이다.

해밀턴 William Rowan Hamilton

1805~1865

해밀턴은 1805년 8월 4일 아일랜드 더블린에서 태어났다. 분명히 아일랜드가 낳은 가장 위대한 수학자이다. 1824년 더블린의 트리니티 대학에 입학했고, 재학 중 광학에 관한 논문을 아일랜드 왕립 학술원을 통해 발표해서 명성을 얻었다. 그리고 22세도 채 되지 않았던 1827년 트리니티 대학의 천문학 교수와 던싱크Dunsink 왕립 천문대장으로 임명받았다.

해밀턴은 평생 동안 천문대장을 지냈지만 유능한 천문학자가 되지는 못했으며, 실무적인 업무를 몇 년 만에 포기하고 수학 연구에 몰두했다. 사원수를 발견했고, 역학과 광학을 이해하는 데 크게 공헌했다. 열렬한 애국자였으며, 젊은 시절에는 조국의 명예를 위해 무엇인가를 이루고자 하는 불같은 야망을 가졌다. 수학자로서 세계적인 명성을 얻은 말년에, 19세기 초에는 프랑스 수학을 공부했지만 19세기 말이 되면 아일랜드의 수학을 공부하게 될 것이라고 말하곤 했다.

어학에서 수학으로

해밀턴은 부모와 함께 살지 않았다. 그가 한 돌 정도 됐을 때, 더블린의 트리니티 대학을 졸업한 삼촌James Hamilton이 그의 교육을 맡기로 했다. 삼촌은 더블린에서 북쪽으로 약 65킬로미터 떨어진 작은 마을Trim에 정착해 있던 성직자였다.

해밀턴은 신동이었다. 3세 때 이미 영어 책을 훌륭하게 읽었고 산술도 뛰어나게 잘 했다. 4세 때는 뛰어난 지리학자였고, 5세 때는 라틴, 그리스, 헤브루 글을 읽고 번역할 수 있었다. 8세 때는 이탈리아와 프랑스어도 배웠으며 라틴어로 즉석에서 유창하게 이야기했다. 10세 때 동방 언어를 배우기 시작해서, 먼저 아랍어와 산스크리트어를 습득했고 그 뒤 곧 다른 동방 언어 대부분을 습득했다. 14세 때 더블린을 공식 방문한 페르시아 대사에게 페르시아어로 미사여구를 섞어서 환영시를 지어 낭송했다. 이 소년은 고전과 시를 좋아했다.

해밀턴은 15세가 되어서야 관심사를 바꾸어 수학에 열중하게 됐다. 이런 변화는 번개처럼 계산하는 미국의 콜번❶과의 만남을 통해 나타났다. 역시 소년이었던 콜번은 더블린의 어떤 공연에서 속셈 실력을 과시했다. 해밀턴은 이런 일이 있은 뒤 오랫동안 속셈을 연습했고, 수학에 가장 큰 관심을 두기로 결정했다.

해밀턴이 16세 정도 됐을 때, 삼촌은 그들의 침실 사이의 벽을 통과하는 줄을 해밀턴의 잠옷에 부착했다. 삼촌은 새벽 다섯 시에 이 줄을 잡아당겨서 그를 깨웠다.

시인 지망생

해밀턴은 어린 시절 호머의 글을 무운시無韻詩로 번역했으며, 운과 운율에 대한 탁월한 재능을 발휘해서 시를 짓기 시작했다. 그의 시를 모으면 꽤 두꺼운 책이 될 것이다.

해밀턴은 교수로서의 임무를 시작하기 전에, 잉글랜드와 스코틀랜드를 여

❶ Zerah Colburn(1804~39)

행했는데, 바로 이때 위대한 시인 워즈워스를 집으로 찾아가서 처음으로 만났다. 두 사람은 한밤중에 함께 거닐면서 오랫동안 뜻깊은 대화를 나누었으며, 아쉽게 작별했다. 각자는 평생 동안 상대를 매우 존경하고 칭찬했다. 나중에 워즈워스는 자신이 만났던 사람 중에서 콜리지[2]와 해밀턴이 가장 훌륭한 사람이었다고 말했다.

1827년 10월, 해밀턴은 새로운 임무를 맡기 위해 던싱크 천문대로 이주했다. 그를 처음으로 방문한 유명한 사람 중에는 워즈워스가 있었다. 그의 방문을 기념하기 위해서 천문대 정원에 있는 그늘진 샛길 하나를 '워즈워스 산책로' 라고 이름지었다. 시인이 되겠다는 강한 욕망을 가졌던 해밀턴은 틀림없이 자신에게 용기를 주도록 그 친구를 종용했을 것이다. 그렇지만 워즈워스는 해밀턴에게 그의 뛰어난 재능을 과학에 집중하라고 조언했으며, 방문 직후 다음과 같은 편지를 해밀턴에게 보냈다.

> 당신은 나에게 아주 많은 시를 보냈는데, 그것은 내게 큰 기쁨을 주었습니다. 그러나 이런 것이 당신으로 하여금 과학의 길에서 벗어나게 할까 두렵습니다. 당신에게는 영광이고 다른 사람들에게도 이익이 되는 과학의 길을 가는 것이 당신의 운명이라고 생각됩니다. 나는 시작詩作이 생각보다 한없이 더 많은 기교를 요구한다는 사실을 여러 번 반복해서 강조합니다. 그리고 시인으로서의 성공은 당신이 습득해야 하는 수없이 많은 항목에 절대적으로 좌우된다는 사실이 나를 슬프게 합니다. …

해밀턴이 시적인 상상력은 갖고 있었지만, 시적인 기교가 부족했던 것으로 보인다. 물론, '상상력' 은 시와 수학에 필요한 중요한 요소 중 하나다. 바이어

[2] Samuel Taylor Coleridge(1772~1834), 영국의 시인 · 비평가 · 철학자

슈트라스의 다음과 같은 말이 있다. "실제로 시인의 기질이 전혀 없는 수학자는 결코 완벽한 수학자가 될 수 없다."

서툰 농부

왕립 천문대장으로서 해밀턴의 임무 중 하나는 던싱크 천문대 주변에 있는 17에이커의 농지를 관리하는 일이었다. 그런데 도시에서 자랐기 때문에 농사에 대해서는 아는 것이 거의 없었다. 그래도 가족에게 필요한 우유를 얻기 위해서 암소 한 마리를 샀다. 자연스러운 현상으로 젖이 끊겼을 때, 이웃 농부에게 조언을 구했다. 그를 잘 알고 있던 농부는 그 소가 17에이커를 혼자 차지하고 있기 때문에 외로움으로 고통을 받고 있다고 말했다. 이에 해밀턴은 소에게 동료를 구해줄 수 있는지를 물었고, 농부는 자신의 소를 던싱크 천문대의 풍부한 목초지에 방목할 수 있도록 정중하게 동의했다.

해밀턴은 동물을 매우 사랑했는데, 실제로 동물을 사람과 똑같이 존경했다고 한다.

사원수의 발견

해밀턴은 1833년에 왕립 학술원에서 복소수를 실수의 순서쌍으로 나타내는 방법을 발표했으며, 그 뒤 이를 역학에 활용했다. 한편, 삼차원에 대응하는 수 체계를 생각하다가 사차원에 대응하는 사원수를 발견했다. 그런데 사원수의 곱셈 문제와 15년 동안 씨름한 뒤에야 곱셈의 교환 법칙이라는 전통적인 연산 법칙을 포기할 필요가 있다는 이단적인 발상이 갑자기 떠올랐다. 이 때는 해밀턴이 38세였으며 아일랜드 왕립 학술원 원장으로 2년을 보낸 1843년이었다. 해밀턴은 아들에게 보낸 편지에서 이에 대해 다음과 같이 설명했다.

월요일이었던 10월 16일 아일랜드 왕립 학술원에서 회의가 있었는데, 나는 사회를 보기 위해 걸어가고 있었다. 네 어머니도 나와 함께 로열 운하를 따라 걷고 있었다. 아마도 네 어머니가 그곳으로 이끌고 간 것 같다. 네 어머니는 종종 나에게 말을 건넸지만, 나의 내면에는 어떤 생각이 이어지고 있었고 드디어 어떤 결과가 나타났다. 내가 그것이 매우 중요한 사실이라고 느꼈다는 말은 할 필요도 없다. 전기에 감전된 듯했다. 섬광이 번뜩였고, (곧 알아챘는데) 매우 긴 세월 동안 고대했던 내 생각과 연구를 올바르게 이끌 선지자가 나타난 듯했으며, 그 발견을 확실하게 발표할 수 있을 정도로 나를 충분히 오래 살게 허락해 주는 듯했다. 게다가 나는 우리가 통과하고 있던 브룸 교 Brougham Bridge의 돌 위에 기호 i, j, k에 관한 다음 기본 공식을 칼로 새겨 놓고 싶은 충동을 억제할 수 없었다.

$$i^2 = j^2 = k^2 = ijk = -1$$

이 공식은 문제의 답을 포함하고 있다. 그렇지만 물론 그렇게 새겨 놓은 것은 소멸된 지 오래됐다. 좀 더 오랫동안 남을 기록은 바로 그 날의 학술원 회의록에 남아 있다. 그 뒤 내가 바라고 얻은 이 사실은 사원수에 관한 논문에 기록됐으며, 다음 달인 11월 13일 월요일에 발표했다.

브룸 교에는(다시 건설 된 이 다리에는) 돌 속에 끼워놓은 시멘트 명판이 있는데, 이에 관한 이야기를 오른쪽과 같이 적어 놓았다.

Here as he walked by
on the 16th of October 1843
Sir William Rowan Hamilton
in a flash of genius discovered
the fundamental formula for
quaternion multiplication
$i^2=j^2=k^2=ijk=-1$
& cut it in a stone of this bridge

실연의 연속

해밀턴은 트리니티 대학을 입학한 첫 해인 18세 때 대학 동료의 여형제 Catherine Disney를 만났는데, 곧 연정이 불타올랐다. 그에겐 첫사랑이었다. 그녀에 대한 감정을 시로 표출하기도 했다. 그렇지만 그녀는 다른 사람을 더 좋아했다. 이렇게 첫사랑에 실패한 해밀턴은 깊은 상처를 입었다. 어느 날 대학에서 천문대 방향으로 걸어가다가 로열 운하의 고요한 물 속에서 모든 것을 끝내버리려는 강력한 충동을 느꼈다고 한다. 이 시기에 시에 더 큰 관심을 갖게 됐고, 그녀에 대한 미련을 평생 버리지 못했다.

해밀턴의 제자 중에는 젊은 어데어Lord Adare 경이 있었는데, 그는 던레이븐 Dunraven 백작의 맏아들이었다. 해밀턴은 어데어 영지를 방문했을 때, 드 비어 de Vere 가족을 소개받았다. 그들은 근처의 커러 체이스Curragh Chase에 살고 있었다. 해밀턴은 매력적인 딸 엘렌 드 비어Ellen de Vere에게 연정을 품었고, 곧 사랑의 시를 지어 엘렌에게 바쳤다. 던레이븐 백작 부인도 그의 구혼에 용기를 주었고, 엘렌의 부모도 호의적으로 받아들였다. 그가 막 구혼을 하려는 순간, 이 젊은 처녀의 뜻밖의 발언이 그를 충격 속에 빠뜨렸고 이 사건은 종지부를 찍게 됐다. 그녀는 말했다. "커러 체이스 이외의 어느 곳에서도 행복하게 살 수 없어요."

불행한 선택과 술

해밀턴은 사랑에 두 번 실패한 뒤, 불행한 선택을 하게 됐다. 이번에는 베일리Helen Maria Bayly 양이었다. 그녀는 해밀턴이 살고 있던 던싱크 천문대 근처에 있던 그녀의 여형제를 자주 방문했었다. 그녀는 정신적으로 신체적으로 허약했으며, 매우 무능하고 살림도 못하는 우울증 환자였다. 그렇지만 1833년 결혼은 성사됐다. 해밀턴은 그녀와 성향이 정반대인 아내가 필요했었다. 그는 결혼한 뒤 식사도 제때에 할 수 없었고 자주 걸러야만 했다. 과도한 청구서와 미납된 청구서를 처리해야 했고, 믿을 수 없을 정도로 혼란스럽고 무능한 살림살이를 감내해야만 했다.

본성적으로 쾌활했던 해밀턴은 점점 더 술에 탐닉해서 술에서 위안을 찾았으며, 방종과 폭음을 일삼으면서 조용한 연구 생활로부터 연회장의 현란함 속으로 빠져들었다. 그는 30대 후반 언젠가 더블린의 어떤 과학 학회의 만찬에서 완전히 술에 취해 자신을 제어하지 못하기도 했다. 술에서 깨어난 뒤 많은 사람 앞에서의 행동에 모욕감을 느껴 술을 끊기로 결심했다. 2년 동안 이 결심을 지켰다. 그런데 로스 경❸이 베푼 다른 과학 모임의 파티에서 그리니치의 천문학자 에어리❹가 그를 절대 금주자라고 조롱했다. 해밀턴은 자신의 결심을 꺾었고, 그 뒤로는 계속해서 술에 탐닉했다.

해밀턴은 60세의 나이로 죽었는데, 그의 연구실 바닥은 원고 더미로 뒤덮여 있었고 그 사이로 좁은 통로만이 있었다. 조사를 위해 원고 더미를 끌어냈을 때, 종이 사이사이에서 대가족이 사용할 수 있을 정도로 많은 접시와 그릇이 발견됐다. 거기에는 딱딱하게 굳고 상한 음식이 남아 있었다. 해밀턴은 정성도 없고 맛도 없는 음식을 맛도 보지 않은 채로 밀쳐 버렸었다. 그의 연구실은 거의 돼지우리와 같은 상태로 변해 있었다.

벨은 《수학을 만든 사람들》에서 해밀턴에 관한 장의 부제를 '아일랜드인의 비극'이라고 붙였다.

❸ Lord Rosse, William Parsons, 3rd Earl of Rosse(1800~1867), 아일랜드의 천문학자로, 더블린의 트리니티 대학 제16대 학장(1862~1867)을 지냈다.

❹ George Biddell Airy(1801~1892), 영국의 수학자 · 천문학자. 던싱크 왕립 천문대장직을 놓고 해밀턴과 경합했었다.

흔치 않은 영예와 죽음

해밀턴은 여러 달 동안 고통을 겪은 뒤에 죽었다. 이런 고통을 겪고 있던 중에 미국으로부터 특이한 영예를 얻었다. 남북 전쟁 중에, 미국 국립 과학원이 창설됐고, 해밀턴은 열 명의 외국인 회원의 한 사람으로 선출됐으며 그 명단의 맨 위에 그의 이름이 올랐다는 소식을 들었다. 그래서 해밀턴은 미국 국립 과학원의 최초의 외국인 회원이 됐다.

그는 1865년 9월 2일에 죽었는데, 평소에 다음과 같은 유언을 했다고 한다.

> 나는 천문학의 위대한 대가 히파르코스가 열심히 연구하고 진리를 사랑한 사람이었다는 그의 제자 프톨레마이오스의 설명을 오랫동안 마음 속에 간직해 왔다. 나의 비문을 그와 같이 새겨 달라.

두 명의 해밀턴 경

수학사에서 (사실, 모든 학문의 역사에서) 이 분야의 일부 대가가 저지른 실수가 계속 남아 있어서 큰 혼란을 야기하는 경우가 종종 있다. 이런 실수는 무심결에 전해지고 원래의 저자나 그를 인용한 그 뒤의 사람들에 의해 증폭된다. 수학사를 연구하는 사람은 누구나 이런 상황을 접하게 된다.

두드러진 예로, 모두 19세기 전반기에 활동한 두 명의 윌리엄 해밀턴 경에 대한 경우가 있다. 이들은 종종 혼동을 야기했다. 한 명의 윌리엄 해밀턴William Stirling Hailton 경은 1788년 글래스고에서 태어나 1856년 에든버러에서 죽었다. 그는 스코틀랜드 사람으로 준남작❺이었으며 에든버러 대학의 논리학과 형이상학 교수였고, 이 전문 분야에서 뛰어난 논문을 여러 편 썼다.

또 다른 윌리엄 해밀턴William Rowan Hamilton 경은 1805년 더블린에서 태어나 그곳에서 1865년에 죽었다. 더블린 대학의 천문학 교수였으며, 수학과 물리학에서 매우 독창적인 업적을 남겼는데, 1835년 기사 작위를 받았다. 이 둘째 윌리엄 해밀턴 경이 바로 사원수의 창조자로, 더 널리 알려졌다.

이제 두 명의 윌리엄 해밀턴 경이 동일한 인물로 혼동되고 있는 이유를 쉽게 알 수 있을 것이다. 그들은 이름이 같았고 동시대에 활동했다. 모두 작위를 받았고 모두 대학 교수였으며 뛰어난 논문을 썼다. 이 두 사람은 모두 드 모르간과 서신 왕래를 했는데, 이에 따라 드 모르간의 전기작가들이 이들을 혼동했기 때문에 혼란은 더욱 가중됐다. 예를 들면, 이런 혼동은 《브리태니카 백과사전》의 제11판에 등장한 드 모르간에 관한 항목에서 찾아볼 수 있다. 이 책에서 전기작가는 두 명의 윌리엄 해밀턴 경을 아일랜드 사람으로 동일시해서, 논리학에서 술어의 한정 기호들과 관련된 스코틀랜드의 윌리엄 해밀턴의 업적을 아일랜드의 윌리엄 해밀턴의 업적으로 기술했다. 브리태니카 백과 사전의 높은 명성은 이런 실수를 반복하는 데 기여했다.

❺ 남작의 아래이고 기사의 위이며 세습이지만 귀족은 아니다.

드 모르간 Augustus De Morgan

1806~1871

드 모르간은 1806년 6월 27일 아버지John De Morgan가 인도에서 중령으로 근무할 때 태어났지만, 일곱 달 뒤에 영국으로 갔다. 1823년에 케임브리지의 트리니티 대학에 입학했고, 수학 우등 졸업 시험에서 4등을 차지하고 학사 학위를 받았다. 영국 국교도였지만 석사 학위에 필수적이었던 종교 시험을 거부했다. 이에 그에게 주어졌을 케임브리지 또는 옥스퍼드 대학의 연구원 자리를 얻지 못했다. 런던에서 법학 공부를 하다가, 1828년 당시 신설된 런던 대학교의 수학 교수에 임명됐다. 교권이 침해를 받은 시기에 사임했던 짧은 기간을 제외하고 1866년까지 줄곧 이 대학에서 가르쳤다. 그는 종교와 학문의 자유를 지킨 양심적인 투사였다.

드 모르간은 비범한 재능을 소유한 교육자이자 재치 있는 작품을 많이 남긴 저술가였다. 수수께끼와 수학적 과학적인 진본珍本들을 사랑한 그는 '가짜 수학'에 대한 풍자를 담은 매우 즐거운 책《역설 모음Budget of Paradoxes, 1827》을 엮었다. 이 책은 그가 죽은 뒤에 부인이 편집해서 출판했다.

드 모르간이 매우 다양한 분야에 탐닉하지 않고 몇 분야만을 집중적으로 연구했다면 수학에 좀 더 크게 공헌했을 것이라고 일반적으로 믿고 있다. 그러나 그는 확실히 그런 유형의 사람이 아니었다. 그의 많은 재담과 통찰력 있는 단평은 그를 모든 수학자가 가장 많이 인용하는 사람으로 만들었다.

쓸모 없는 눈

드 모르간은 태어나고 얼마 안 되어 오른쪽 눈의 시력을 잃었다. 그래서 학창 시절에 친구들로부터 매우 짓궂은 장난을 많이 당했다. 아마도 이것이 그가 청소년 시절에 운동을 즐기지 않은 주요한 원인이었을 것이다. 대학에서도 운동을 하지 않았다. 그 대신에 그는 취미로 플루트 연주를 배웠고 아주 아름답게 연주할 수 있었다.

생리학자들은 거리와 공간 지각이 두 눈의 작용에 의존한다고 주장한다. 그렇지만 드 모르간은 눈 하나만으로도 두 눈을 가진 정상적인 사람과 똑같이 거리와 공간을 지각할 수 있다고 주장했다.

양심적인 투사

옥스퍼드와 케임브리지 대학은 종교 시험으로 견고하게 무장되어 있었기 때문에, 유대인과 영국 국교 반대자는 이런 대학에서 어떠한 자리도 차지할 수 없었다. 이에 따라 진보적인 사람들은 이런 어려움을 타개하기 위해 종교적으로 중립인 대학을 런던에 세우기로 결정했다. 당시 겨우 22세였던 드 모르간은 새로 세워진 런던 대학교 최초의 수학 교수로 임명 받았다.

그런데 새로운 대학에서 이사회와 교수 평의회 및 학생회 사이의 관계가 명확하지 않았다. 그 결과 1831년, 해부학 교수와 학생들 사이에 논쟁이 발생했는데, 이사회가 취한 행동에 반발해서 드 모르간을 필두로 해서 상당히 많은 교수가 사임했다. 다른 수학 교수가 임명됐지만, 몇 년 뒤 사고로 익사했다. 이에 따라 교사로서 명성이 높았던 드 모르간은 1836년에 다시 초빙되어 옛 자리에 복귀했다.

드 모르간은 여성의 권리를 공개적으로 지지했으며, 여성의 교육을 중요시하지 않던 당시에 여성이 수학을 공부할 수 있도록 적극적으로 장려했다.

이를테면 여학생을 위한 수학 강의를 무료로 개설하기도 했다.

런던 대학교를 창설했던 개혁 집단은 같은 시기에 '유용한 지식의 보급을 위한 학회' ❶도 또한 창설했다. 이 학회의 목표는 과학 지식과 다른 지식을 당시의 뛰어난 저술가들이 쓴 값싸고 알기 쉬운 책을 통해 누구나 쉽게 접할 수 있게 하는 것이었다. 드 모르간은 이 학회에서 가장 많은 글을 썼는데, 이 학회가 출판한 책 중 약 $\frac{1}{6}$은 드 모르간의 작품이다. 그 학회는 드 모르간의 뛰어난 책 《미분 적분학Differential and Integral Calculus》과 유명한 책 《페니 백과사전Penny Cyclopedia》을 출판했는데, 《페니 백과 사전》은 한 번에 조금씩 출판됐다.

특이한 성격

드 모르간은 인도에서 태어났는데, 아버지와 할아버지도 인도에서 태어났다. 이 사실 때문에, 드 모르간은 자신은 잉글랜드 사람도 아니고 스코틀랜드 사람도 아니며 아일랜드 사람도 아닌 '무소속'의 브리튼❷ 사람이라고 말하곤 했다.

드 모르간은 어느 해에 태어났는지를 질문 받고는 다음과 같이 수학적으로 대답했다. "나는 x^2년에 x세였다."❸

드 모르간의 친구 브룸Brougham 경이 에든버러 대학 총장으로 임명됐을 때, 대학 이사회는 드 모르간에게 명예 법학 박사 학위LL.D.를 수여하겠다고 제안했다. 드 모르간은 그 학위가 자신에게 합당하지 않은 명예라고 사양했다.

❶ Society for the Diffusion of Useful Knowledge

❷ Briton, 고대 영국 남부에 살고 있던 켈트족

❸ 43^2=1849이므로, 1806년에 태어난 드 모르간은 1849년에 43세다.

드 모르간은 시골을 좋아하지 않았다. 가족이 바닷가로 휴가를 떠나거나 영국 협회가 시골에서 모임을 가질 때, 그는 도시의 열기와 먼지 속에 남아 있었다. 자신은 소크라테스와 비슷하다고 말했다. 소크라테스는 아테네로부터 멀어질수록 행복으로부터 멀어진다고 말했었다.

드 모르간은 왕립 학회의 모임에 참석한 적이 결코 없으며, 이 학회의 회원이 되려고도 하지 않았다. 그는 투표에 참여한 적이 결코 없으며, 의사당, 런던 탑, 웨스트민스터 사원 등을 방문한 적이 한 번도 없었다는 사실을 자랑으로 생각했다.

드 모르간 부인

런던에 거주하게 된 드 모르간은 취향이 같은 친구 프렌드William Frend를 만났다. 프렌드는 드 모르간과 종교적 견해가 같았고, 수학 우등 졸업 시험에서 2등을 했으며 동료 산술 전문가이자 동업 보험 계리인이었다. 1796년 프렌드는 《대수학의 원리Principles of Algebra》라는 책을 출판했는데, 이 책에서 음수의 사용을 반대했다. 프렌드는 런던 교외의 시골 집에서 살았는데, 그 이전에 이 집은 유명한 작가 디포[4]와 뛰어난 설교사며 성가 작가 와츠[5]가 소유했었다.

드 모르간은 플루트를 훌륭하게 연주했고 동료들을 항상 즐겁게 해주었는데, 프렌드의 집에 자주 초대받은 매우 환영받는 손님이었다. 이런 방문 덕분에 드 모르간은 31세 때인 1837년 프렌드의 딸 소피아Sophia Elizabeth와 결혼했다. 소피아는 심령주의[6]에 관심을 가졌는데, 드 모르간과 결혼한 뒤 강

[4] Daniel Defoe(1659?~1731), 영국의 소설가 · 저널리스트
[5] Isaac Watts(1674~1748), 영국의 신학자 · 성가 작가
[6] 心靈主義(spiritualism), 사람의 영혼이 영매를 통하여 살아 있는 사람과 교감을 할 수 있다는 신앙 또는 교의.

신술[7], 심령 회전[8], 무덤의 소리 등과 같은 심령 현상을 설명하는 책을 저술했다. 그녀는 또한 드 모르간이 거의 완성한 매우 재미있는 책 《역설 모음》을 남편이 죽은 뒤에 출판했다.

런던 수학회

드 모르간에게는 조지George라는 아들이 있었는데, 그는 런던 대학[9]과 유니버시티 대학 수학과에서 두각을 나타냈다. 조지는 같은 생각을 갖고 있던 어떤 친구와 수학 논문을 읽고 토론하기 위한 수학회를 런던에 창설하려는 계획을 세웠다. 첫 모임은 유니버시티 대학에서 열렸는데, 아버지 드 모르간이 초대 회장으로 선출됐으며 아들 조지는 초대 서기로 뽑혔다. 이것이 런던 수학회The London Mathematical Society의 시작이었다.

수학적 귀납법

드 모르간은 논리를 수학적으로 분석했으며, 수학의 법칙, 기호, 연산 등을 논리적으로 분석하고 연구해서 《형식 논리학Formal Logic》과 《이중 대수학Double Algebra》을 저술했다.

드 모르간은 1838년에 출판한 《페니 백과 사전》에서 '수학적 귀납법' 이라는 용어를 처음으로 사용했다. 이 용어는 토드헌터[10]가 책 《대수학》에서 사

[7] 降神術(table rapping), 망자의 영혼이 테이블이나 널빤지 따위에 똑똑 소리를 내게 하여 살아있는 사람에게 의사를 전달하는 심령 현상.

[8] table turning, 몇 사람이 테이블에 손을 얹으면 테이블이 저절로 움직이는 현상.

[9] University of London, 드 모르간이 처음으로 임명을 받은 런던 대학교(London University)와는 다른 이 대학은 재학할 필요 없이 시험을 통해 학위를 수여할 목적으로 런던 대학교보다 10년 뒤 정부가 설립했다. 런던 대학교는 교육 대학으로 런던 대학과 합병됐고, 유니버시티 대학(University College)으로 이름을 바꾸었다.

[10] Isaac Todhunter(1820~1884), 영국의 수학자

용해서 대중화시켰다. 용어 '귀납법'은 월리스가 1656년 《무한 산술》에서 사용했는데, 자연 과학에서 알려진 '귀납법'을 사용한 것이었다. 월리스에서 드 모르간까지 용어 '귀납법'은 수학에서 종종 사용됐으며, (1) 자연 과학에서 알려진 불완전한 귀납을 지시할 때와 (2) n에서 $n+1$ 단계로 넘어가는 증명을 할 때의 두 경우에 구분 없이 사용됐다. (2)의 경우에 대해 드 모르간은 '수학적 귀납법'이라는 이름을 붙였다.

▣ 사선 기호

드 모르간은 《메트로폴리타나 백과 사전Encyclopedia Metropolitana, 1845》에 함수 계산에 관한 글을 쓸 때, 분수의 인쇄를 위해 사선을 사용하자고 제안했다. 이 제안은 1880년 스토크스[11]가 채택했는데, 케일리는 스토크스에게 다음과 같은 내용의 편지를 썼다. "나는 '사선'이 정말 멋지다고 생각합니다. … 이는 당신을 '인쇄업자 학대 방지 학회장'으로 강력하게 추천하게 할 것입니다."

사실, 사선 기호는 중남미에서 이미 나타났었다. 발데스Manuel Antonio Valdes는 《Gazetas de Mexico, 1784》의 1쪽에서 현대적인 적분 기호와 비슷한 굽은 선을 사용해서 $3\int 4$와 같이 썼다. 1843년 캔버스턴Henri Cambuston은 캘리포니아 주 몬테레이Monterey에서 산술에 관한 작은 책을 낼 때 분수 표기를 위해 이와 유사한 굽은 선을 사용했다.

▣ 원주율과 생존율

드 모르간은 어떤 사람들의 집단에서 어느 정도의 비율이 주어진 시간 뒤

[11] George Gabriel Stokes(1819~1903), 영국 수학자로 유체 역학 연구

에 생존할 가능성에 대해 한 보험 계리인에게 설명해준 적이 있었다. 그는 설명중 원주율 π를 포함한 보험 통계 공식을 인용했다. 원주율 π에 대해 질문 받은 드 모르간은 원의 지름에 대한 둘레의 비라고 대답했다. 여기까지 주의 깊게 설명을 듣고 있던 보험 계리인은 말을 가로막고는 큰 소리로 말했다. "존경하는 선생님, 그것은 틀림없이 기만입니다. 어떻게 원이 주어진 시간 뒤에 생존할 사람의 수와 관련이 있겠습니까?"

드 모르간의 인용문

다음 인용문은 드 모르간의 통찰력과 재치를 보여준다.

1. 수학 발견의 원동력은 논리가 아니라 상상력이다.
2. 즉흥적인 강의를 위해서는 다음과 같은 규칙을 상기하자. 간단하게 메모한 뒤에는 강의에 앞서 얼마 동안 강의 주제를 완전히 잊고 머리를 식혀라. 당신이 알고 있는 것과 관계 없이 여러 가지 생각이 떠오르고, 새로운 결합이 이루어질 것이다. 그러나 최종적인 순간까지도 그 주제에 대해서만 계속해서 생각한다면 좋은 생각이 떠오르지 않고 감각이 마비될 것이다.
3. 원의 구적이 수학자의 마음을 움직이는 것보다 쉽다.
4. 수학자가 논리학에 관심을 갖지 않듯이 논리학자도 수학에 관심을 갖지 않는다. 정밀 과학의 두 눈은 수학과 논리학이다. 그런데 수학자는 논리적인 눈을 감아 버리고 논리학자는 수학적인 눈을 감고 있다. 각자는 두 눈보다 한 눈으로 보는 것이 더 좋다고 믿는다.
5. 기하학은 공간과 도형에 대한 자명한 그래서 논박할 수 없는 성질에 엄밀한 논리를 적용시키는 것이다. 그러나 이 학문의 엄밀성은 한 걸음 더 나아간다. 왜냐하면 아무리 명백한 성질도 증명이 가능한 경우에는 증명하지 않고 지나치는 것이

용납되지 않기 때문이다. 따라서 가능한 한 최소의 가정으로 모든 기하학적 진실을 증명하는 것이 문제이다.

6. 통상적인 적분은 미분의 회상에 불과하다. … 적분을 시행하는 서로 다른 방법들은 아는 것으로부터 모르는 것으로의 변화가 아니라 회상이 도움이 안 되는 형태로부터 회상이 도움이 되는 형태로의 변화이다.
7. 사이비 수학자는 원숭이가 면도칼을 다루듯이 수학을 다룬다. 사이비 수학자는 스승이 면도하는 장면을 본 대로 자신을 면도하려고 시도한다. 그러나 그는 면도칼을 어떤 각도로 유지해야 하는지를 모르기 때문에, 자신의 목을 자른다. 그는 결코 재고하지 않는다. 가엾은 사람! 그러나 사이비 수학자는 자신의 작업을 계속하면서 자신은 깨끗이 면도했지만 나머지 세상은 털투성이라고 주장한다.

리우빌 Joseph Liouville

1809~1882

리우빌은 1809년 3월 24일 프랑스 생토메르Saint-Omer에서 군인의 아들로 태어났고, 툴Toul에서 초등 교육을 받았다. 파리의 콜레주생루이College St Louis에서 최고 수준의 수학을 배웠고, 당시의 수학 문헌을 접하면서 나름대로 새로운 결과를 얻었다. 그중 일부는 《제르곤의 연감》[1] 1824/5년 호에 발표됐다. 1825년에 에콜 폴리테크니크에 입학해서 앙페르와 아라고[2]의 강의를 들었고, 에콜드프랑스에서 또다시 앙페르로부터 배웠다.

리우빌은 1827년에 에콜 폴리테크니크를 졸업하고 토목 공학 그랑제콜인 에콜 데 퐁제쇼세에 입학해서 공학자가 되려고 했지만, 건강 때문에 포기하고 수학자가 되기로 결정했다. 1831년에 에콜 폴리테크니크의 조교로 임명됐고, 이와 함께 여러 학교에서 강의했다. 당시 1주일에 35~40시간 강의했다고 한다.

도전의 역사

리우빌은 르장드르가 죽은 뒤인 1833년에 프랑스 과학원의 자리를 차지

[1] *Annales de Gergonne*, 프랑스 수학자 제르곤(Joseph Diaz Gergonne, 1771~1859)이 1810년부터 1832년까지 발간한 수학 잡지로, 원명은 *Annales de mathématiques pures et appliquées*(순수 및 응용 수학 연감)이다.

[2] Dominique François Jean Arago(1786~1853), 프랑스의 천문학자 · 물리학자

하려고 도전했다. 여러 가지 면에서 강력한 후보였지만, 결국 실패했다.

3년 뒤인 1836년에는 에콜 폴리테크니크의 교수직에 도전해서 최종 후보까지 올랐지만, 차점자로 탈락했다. 1837년 비오[3]를 대신해서 콜레주드프랑스에서 강의하다가, 1838년에 드디어 에콜 폴리테크니크의 해석학 및 역학 교수로 임명받았다.

한편 프랑스 과학원에 적절한 자리가 생겼지만, 리우빌은 절친한 친구 스튀름[4]의 당선을 위해 관대하게도 이를 포기했다. 1839년에 프랑스 과학원의 천문학 분야에 자리가 났는데, 수학 분야에는 오랫동안 빈자리가 없을 것이라고 생각해서 이에 도전해서 드디어 선출됐다. 이는 리브리의 강력한 반대를 받은 뒤였다. 사실, 리우빌과 리브리 사이의 불화는 선거 뒤에 심화됐다.

1843년에 라크루아가 죽은 뒤에, 리우빌은 비오의 대리로 강의하고 있던 콜레주드프랑스의 교수직에 응모했다. 그러나 치열한 경쟁 끝에 리브리가 임명됐다. 리우빌은 즉각 다음과 같은 사직서와 함께 콜레주드프랑스를 사임했다.

> 나는 어제 콜레주드프랑스에서 일어난 사건으로 인해 인간적으로 그리고 기하학자로서 심한 굴욕감을 느낀다. 나는 이 순간부터 이 기관에서 강의하기가 불가능하다.

리우빌은 정치에도 관여했었는데, 1848년 입헌 의회 선거에서 공화파의 한 사람으로 당선됐다. 그러나 1849년의 선거에서는 탈락했다.

1848년 리브리가 영국으로 도주한 뒤에, 그가 차지하고 있던 콜레주드프랑스의 자리를 두고 1850년에 코시와 리우빌이 경합했다. 리우빌은 코시를

❸ Jean Baptiste Biot(1774~1862), 프랑스의 물리학자 · 천문학자 · 수학자

❹ Jacques Charles François Sturm(1803~1855)

위해 물러서 있었지만, 정치적으로 리우빌에 호의적인 사람들이 그를 선출했다. 리우빌은 1851년부터 57년까지 그곳에서 강의했는데, 그 뒤에는 강의 부담이 오히려 더 큰 학교로 옮겼다. 1859년 디리클레의 죽음으로 연구 활동은 큰 타격을 입었다. 디리클레는 그의 절친한 친구였을 뿐만 아니라 수학 연구의 주요한 동반자였다.

▣ 연구

연구에 관한 한, 리루빌은 당시 프랑스의 지도적인 수학자인 코시와 그 다음 세대를 이끈 에르미트에 훨씬 뒤진다. 그렇지만 그는 수리 물리학과 천문학 및 순수 수학까지 대단히 넓은 주제를 연구했다. 수론에 관해 약 200편의 논문을 썼는데, 논문 전체는 400편이 넘는다.

그는 몇 가지 뛰어난 발견으로 명성을 날렸다. 1836~7년에 친구 스튀름과 공동 연구한 중요한 결과를 발표했는데, 그것은 스튀름 · 리우빌 이론으로 불리게 됐고 물리학에서 중요하게 활용됐다. 나중에 그는 초월수의 존재를 증명했는데, 초월수는 대수적 연산을 이용해서 정수로부터 구성할 수 없는 실수다. 그는 타원 함수 이론의 발달에서 주요한 역할을 했다. 또한 천체 역학과 수론에도 공헌했지만, 가장 잘 알려진 결과는 복소 해석학에서 유계이고 해석적인 복소 변수 함수는 필연적으로 상수라는 정리일 것이다.

리우빌은 1842년에 갈루아의 미발표 논문을 읽기 시작했으며, 1843년 9월 프랑스 과학원에서 갈루아의 연구에서 심오한 결과를 발견했다고 발표했다.

▣ 《리우빌의 잡지》

제르곤이 새로 맡은 직책 때문에 그의 《연감》 발간을 중지하자, 리우빌은

1836년에 《순수 및 응용 수학 잡지》[5]를 창간했다. 이는 크렐레의 잡지와 제목이 같은데, 종종 《리우빌의 잡지Journal de Liouville》로 불린다.

당시 리우빌은 26세의 조교에 불과했지만, 대단한 자신감으로 당대 최고 수학자들의 논문을 평가할 수 있다고 생각했다. 다른 모든 일에 우선해서 잡지 편집에 열중했으며, 1874년까지 거의 40년 동안 성공적으로 잡지를 편집했다. 이는 여러 가지 면에서 그의 가장 뛰어난 업적이다. 이 잡지는 19세기 프랑스 수학 발전에 크게 공헌했으며, 현재까지 발간되고 있다.

스튀름과 그의 정리

이계 미분 방정식에서 스튀름 · 리우빌 문제로 리우빌과 함께 등장하는 스튀름은 스위스의 제네바에서 태어났고, 소르본 대학에서 푸아송의 역학 교수직을 승계했다.

1829년 스튀름은 계수가 실수인 다항 방정식의 실근이 주어진 구간에 몇 개 존재하는지에 관한 유명한 정리를 증명 없이 발표했다. 이 발견은 방정식론에서 데카르트 이후 수많은 위대한 수학자가 정열적으로 연구했음에도 불구하고 오랫동안 풀 수 없었던 문제를 이론적으로 해결한 것이었다. 이 정리의 증명은 에팅하우젠[6]이 1830년, 쇼케Charles Choquet와 메이어Mathias Mayer가 1832년, 스튀름 자신이 1835년 각각 발견했다.

스튀름은 이 정리를 발견하기 위해 대단히 큰 노력을 기울였으며, 이 업적을 매우 자랑스럽게 생각했다. 그는 강의 중 이 정리를 가르치게 될 때면, "여기에 나의 이름이 붙은 정리가 있다."라고 말하곤 했다.

[5] *Journal de mathématiques pures et appliquées*

[6] Andreas von Ettinghausen(1796~1878), 오스트리아의 수학자, 물리학자, 사진작가

퍼스 Benjamin Peirce

1809~1880

퍼스는 1809년 4월 4일 미국 매사추세츠의 세일럼Salem에서 태어났다. 1825년에 하버드 대학에 입학해서 4년 뒤에 졸업했으며, 중등 학교에서 가르쳤다. 1831년 모교의 강사가 됐고, 1833년에는 석사 학위를 취득하고 수학 및 자연 철학 교수로 임명받았으며, 1842년부터 죽을 때까지 수학 및 천문학 교수를 지냈다.

퍼스는 많은 교과서를 집필했으며, 천체 역학과 측지학 등 응용 수학 분야와 선형 결합 대수학과 수론 등 순수 수학 분야에 거쳐 폭넓은 수학 주제를 연구했다.

'역설적인' 관계

퍼스에 관한 일화 중 가장 자주 인용되는 것은 복소 함수론을 강의하다가 일어난 어떤 사건이다. 그는 다음과 같이 유명하고 훌륭한 관계식을 칠판에서 증명했다.

$$e^{\frac{\pi}{2}} = \sqrt[i]{i}$$

그리고 학생들을 돌아보며 말했다. "여러분, 이것은 분명히 옳은 결과입니다. 그러나 이것은 완전히 역설적입니다. 우리는 이것을 이해할 수 없습니다.

그리고 우리는 이것의 의미를 모릅니다. 그러나 우리는 이것을 증명했습니다. 따라서 이것이 틀림없이 진실임을 우리는 알고 있습니다."

위의 관계식을 다음과 같은 동치 꼴의 관계식으로 표현하면 훨씬 더 인상적일 것이다.

$$e^{\pi i}+1=0$$

이를 '해석학에서 가장 아름다운 공식' 이라고 부른다. 여기에는 수학에서 가장 중요한 수 중 e, i, π, 1, 0의 다섯 개가 매우 간단한 식으로 연결되어 있다.

특이한 명성

퍼스는 하버드 대학에서 처음에는 학생으로 다음에는 교수로 50년 이상 지냈는데, 초기의 미국 수학에 대단히 큰 영향을 끼쳤다. 중요한 연구를 수행했고 중요한 논문들을 발표했으며 제자들에게 연구를 독려한 최초의 미국 수학자에 속한다. 이에 따라 오늘날 그의 명성은 수학 연구가 수학과의 존재 이유라는 점을 미국에서 최초로 인식시켜 준 사람이라는 사실에 주로 의존한다.

한편, 퍼스는 대학 총장 제조기로 불린다. 그의 제자 중에는 로웰[1]이 있었다. 이 사람은 21세였던 1877년 수학에서 최우등상을 타고 졸업했다. 로웰의 논문 〈사원수로 다룰 수 있는 이차 곡면〉은 수학에 대한 그의 계속된 관심을 입증하고 있다. 로웰은 1909년 하버드 대학 총장이 됐는데, 뛰어난 능력으로 1933년까지 24년 동안 그 자리를 지켰다.

[1] Abbott Lawrence Lowell(1856~1943), 미국의 정치가 · 교육자

1863년 하버드 대학 총장이 된 힐❷도 퍼스가 초기에 가르친 학생이었다. 그렇지만 수학에서 로웰에 견줄 만한 수준에 이르지는 못했다.

▣ 퍼스 가문

퍼스 가문은 초기 미국 수학계에서 가장 유명한 가문의 하나였다. 앞에서 지적한 대로 벤저민 퍼스는 하버드 대학의 유명한 수학 교수였으며 당시 미국의 지도적인 수학자로 간주됐다. 벤저민 퍼스는 1833년에 결혼한 뒤 4남 1녀를 두었는데, 그 중에서 두 아들은 수학자가 됐다. 응용 수학자였던 제임스 퍼스❸는 하버드 대학에서 1860년부터 1869년까지 8년 동안 조교수로, 1869년부터 1906년까지는 교수로 근무했다.

찰스 퍼스

찰스 퍼스❹는 아마도 퍼스 가문에서 가장 뛰어난 수학자일 것이다. 그렇지만 그의 연구 중 많은 부분은 비교적 최근에 와서야 제대로 평가됐다. 1859년 20세 때 하버드 대학을 졸업했으며, 1863년에는 하버드의 로렌스 과학 학교Lawrence Scientific School를 졸업했다. 상당한 기간 동안 미국 해안과 측지 조사국Coast and Geodesic Survey에서 근무했는데, 측지학에 대한 업적으로 명성을 얻었다. 1879년부터 1884년까지 존스 홉킨스 대학에서 논리학을 강의한 것이 유일한 교수 경력이었다. 인생 후반기에 주로 수리 논리학에 몰두했는데, 최근에야 선구적인 뛰어난 업적으로 인정을 받은 것이 바로 수리 논리학에 대한 그의 연구였다.

퍼스 가문의 또 다른 수학자는 벤저민 퍼스의 둘째 조카인 벤저민 오스굿

❷ Thomas Hill(1818~1891), 미국의 교육가로 하버드 대학 총장 역임

❸ James Mills Peirce(1834~1906)

❹ Charles Sanders Peirce(1839~1914)

퍼스[5]인데, 이 사람은 수리 물리학에서 중요한 논문들을 썼다. 그의 수학 및 물리 논문집(1903~1913)은 1926년 하버드 대학 출판부가 출판했다.

[5] Benjamin Osgood Peirce(1854~1914)

그라스만 Hermann Günther Grassmann

1809~1877

그라스만은 1809년 4월 15일 프로이센의 슈테틴[1]에서 태어났다. 베를린 대학에 입학해서 신학과 고전을 전공했으며, 성직자가 되려고 했다. 그러나 21세 때 수학과 물리학에 강한 흥미를 느꼈으며, 교사가 되어 거의 평생동안 어린 학생들을 가르쳤다. 1834년부터 1836년까지 베를린의 직업 보도 학교에서 슈타이너의 후임으로 수학을 가르친 경우를 제외하면, 고향 슈테틴의 김나지움에서 1831년부터 죽을 때까지 가르쳤다.

그라스만은 당시에는 눈에 띄지 않고 주의를 끌지 못했지만, 현재는 수학계에 널리 알려졌다. 대수학을 전통적인 굴레로부터 해방시키는 역사적인 역할을 담당했는데, 뛰어난 연구서 《광연론Ausdehnungslehre, 1844, 1862》을 썼다.

그의 아버지는 슈테틴에 있는 김나지움의 수학 및 물리학 교사였는데, 두 권의 수학 책을 썼다. 헤르만 그라스만은 12명의 자녀 중에서 셋째였는데, 그 자신은 11명의 자녀를 두었다. 그 중에서 둘은 어릴 적에 죽었고 둘은 어른이 되기 전에 죽었다. 두 아들은 슈테틴 김나지움의 수학 교사, 한 아들은 의사, 한 아들은 기센Giessen 대학의 수학 교수, 한 아들은 기계 공학 교수가 됐다.

[1] Stettin, 현재 폴란드 서북부의 항구 도시인 슈체친(Szczecin).

폭넓은 관심사

그라스만은 지적 관심의 폭이 매우 넓었다. 수학을 가르쳤을 뿐만 아니라, 종교, 물리학, 화학, 독일어, 라틴어, 역사, 지리학 등도 가르쳤다. 물리학에 관한 논문도 썼으며, 독일어, 라틴어, 수학에 관한 교과서를 편집했다. 1848년과 1849년의 격동기에는 정치적인 주간지의 공동 출판인이었다. 음악에 관심을 가졌는데, 1860년대에는 일간지에 오페라 비평 기사를 기고했다. 독일 식물에 대한 문헌학적 논문을 준비했으며, 선교용 신문을 편집했고, 음성의 법칙을 연구했으며, 《리그베다》❷를 위한 사전을 썼으며 리그베다를 번역했다. 민요에 세 개의 운율로 화음을 붙였다.

흥행 실패

그라스만은 1844년 뛰어난 책 《광연론》 초판을 출판했다. 불행하게도, 매우 형편없게 설명했기 때문에, 명료하지 못한 이 책은 당대의 사람들에게 거의 알려지지 않고 묻혀버렸다. 1862년에 출판된 제2판도 더 큰 성공을 거두지 못했다. 과학계로부터의 이런 완벽한 무관심에 크게 실망한 그라스만은 수학을 포기하고 자신의 지적 에너지를 산스크리트 연구에 집중했다. 당시 그는 53세였다. 그는 산스크리트어와 문학을 연구해서 탁월한 성과를 거두었으며, 이 분야에서 훌륭한 논문을 여러 편 발표했다. 그래서 그는 수학에 대한 업적보다 이런 분야에서 더 좋은 평가를 받았다.

수업 전략

그라스만이 수업을 진행하는 독특한 방법으로, 이른바 'Plauderminuten' ❸

❷ Rig-Veda, 인도의 가장 오래된 시편으로 된 성전

이 있었다. 그는 수업 중 성실한 학생들과 꾸준히 집중적으로 얼마 동안 수학을 공부한 뒤에 휴식 시간을 가졌는데, 짧은 시간 동안 학생들과 자유롭게 대화했다. 그라스만은 이런 시간을 강단에 앉아 'Plauderminute' 라고 외쳐서 알렸다.

어느 날 말썽꾸러기 몇 명이 제멋대로 굴면서 수업을 방해했다. 그라스만이 조용히 하라고 말하며 타일렀지만 소용이 없었다. 그는 제멋대로인 학생들을 체벌하지 않고 강단에서 내려와 큰 목소리로 신에게 긴 기도를 올렸다. 그는 학생들의 나쁜 행동을 죄로 간주하지 말아달라고 기도했으며, 학생들이 신의 은총으로 더 훌륭하게 행동하기를 기원했다.

종교 강의 중 한 학생이 그라스만을 심하게 귀찮게 굴었다. 그래서 몹시 화가 난 그라스만은 종료시에 하는 관례적인 기도를 할 수 없었다. 이를 알게 된 그 학생은 깊이 뉘우쳤고, 수업이 끝난 뒤 그라스만에게 다가가서 용서를 빌었다. 관대한 교사는 너그럽게 용서하고 키스해 주었다.

❸ '한가한 잡담을 위한 몇 분' 을 의미한다.

쿠머 Ernst Eduard Kummer

1810~1893

페르마의 마지막 정리에 대한 연구로 유명한 쿠머는 프로이센의 조라우❶에서 1810년 1월 29일에 태어났다. 1828년에 할레 대학에 입학해서 신학을 공부하다가 전공을 수학으로 바꿨다. 1831년에 박사 학위를 받고 조라우의 김나지움에서, 1832년부터 1842년까지는 리그니츠❷의 김나지움에서 수학과 물리학을 가르쳤다.

쿠머는 김나지움에 근무하면서도 수학 연구에 몰두했고, 야코비 및 디리클레와 교제했다. 디리클레의 추천으로 1839년 베를린 과학원 회원이 됐고, 1840년에는 디리클레 부인의 조카와 결혼했다. 야코비와 디리클레의 강력한 지원을 얻어 1842년 브레슬라우 대학의 교수가 됐으며, 1855년에는 괴팅겐 대학으로 떠난 디리클레의 뒤를 이어 베를린 대학 교수가 됐다. 많은 분야를 연구한 창조적인 수학자였으며, 베를린 대학 수학과를 발전시키는 데 크게 공헌했다.

산술 실력

쿠머는 산술에 매우 약했다. 수업 중 계산할 때마다 학생들의 도움이 필

❶ Sorau, 베를린과 브레슬라우(현재 폴란드령 브로츨라프) 사이의 중간 지점에 있는 마을로 현재는 폴란드령
❷ Liegnitz, 현재 폴란드의 레그니차(Legnica)

요했다. 어느 날 7×9를 계산하게 됐을 때, '7×9는 … 음 …에 … ' 하며 더듬거렸다. "61입니다." 한 학생이 말했다. 쿠머는 61이라고 칠판에 적었다. 다른 학생이 말했다. "7×9는 69가 옳습니다." 쿠머가 말했다. "그래. 7×9는 61과 69가 동시에 될 수는 없지요. 이것은 틀림없이 61이거나 69가 되어야 합니다. 어느 것이지요?"

다른 이야기에 따르면, 쿠머는 7×9를 다음과 같이 추론했다고 한다. "곱이 61이 될 수는 없어요. 61은 소수이니까. 65도 될 수 없어요. 65는 5의 배수이니까. 67도 될 수 없어요. 소수이니까. 69는 너무 커요. 이제 63만 남네요."

적절한 비유

쿠머는 솔직하고 유순한 성격을 지녔으며, 재치 있는 유머를 즐겼다. 그의 강의는 꾸밈없는 말과 적절한 비유로 유명했다. 어떤 식에서 특별한 변수를 강조하기 위해 다음과 같이 말한 적이 있었다. "만약 여러분이 이 변수를 간과한다면, 여러분은 자두를 먹을 때 씨를 삼키고 살을 뱉어버리는 사람과 같을 것입니다."

다정한 스승

쿠머의 지도를 받은 사람은 누구나 그를 뛰어난 교육자뿐만 아니라 다정한 친구로 기억했다. 제자에게 베푼 사랑과 관심을 보여주는 이야기가 많이 있다. 어떤 가난한 학생이 박사 시험을 치르기 바로 직전 천연두에 걸린 적이 있었다. 그 학생은 시험을 보류하고 러시아 국경 근처의 포젠에 있는 고향 집으로 돌아가야 했다. 쿠머는 그 불행한 학생의 소식을 전혀 듣지 못하게 되자, 제대로 치료를 받지 못하고 있을 것을 염려해서 그 학생의 친구를 찾아내어 돈을 쥐어 주고는 무엇이 더 필요한지를 알아보도록 포젠으로 보냈다.

사위가 된 제자

쿠머는 베를린 대학에서 칸토어와 슈바르츠[3]를 포함해서 유능한 제자를 많이 배출했다. 그런데 '슈바르츠의 부등식'으로 유명한 슈바르츠는 그의 사위가 됐다. 슈바르츠는 베를린 대학에서 1864년 박사 학위를 취득하고, 1867년 할레 대학, 1869년 취리히 대학, 1875년 괴팅겐 대학을 거쳐, 1892년 바이어슈트라스의 후임으로 베를린 대학 교수가 되어 1917년까지 가르쳤다.

예상하지 못한 상

쿠머는 응모하지도 않은 상을 탄 적이 있었다. 프랑스 과학원은 1853년 페르마의 마지막 정리의 풀이에 대해 3000프랑의 상금과 '대상'을 제시했다. 그런데 대상을 탈 만한 논문이 접수되지 않았기 때문에, 기한을 1856년까지 연장됐다. 그래도 여전히 열등한 논문만이 접수됐다. 결국 1857년 복소 단위근에 관해 연구한 쿠머에게 대상을 주기로 결정했다. 그렇지만 쿠머는 그 논문을 프랑스 과학원에 제출하지도 않았었다.

쿠머, 바이어슈트라스, 크로네커

가우스의 자리를 승계하기 위해 1855년 베를린 대학을 떠난 디리클레는 자신의 자리에 쿠머를 추천했다. 그리고 쿠머의 브레슬라우 대학 교수직에는 바이어슈트라스가 강력한 후보로 거론됐다. 그런데 쿠머는 바이어슈트라스와 함께 연구하고 싶었다. 그래서 계책을 꾸몄다. 리그니츠에서 가르쳤던 제자 요아힘슈탈[4]을 자신의 후임으로 추천했고 그렇게 됐다. 이에 따라 1856년 바이어슈트라스는 베를린 대학 교수가 됐다. 쿠머가 리그니츠에서 가르쳤던

[3] Karl Herman Amandus Schwarz(1843~1921), 독일의 수학자

또 다른 제자 크로네커도 1855년부터 베를린 대학에서 근무했다. (크로네커는 1883년에야 쿠머의 후임으로 교수가 됐다.) 이 세 사람은 20년 동안 친한 동료로 지내면서 공동 연구를 했고, 베를린 대학을 세계의 지도적인 수학 중심지의 하나로 만들었다. 쿠머와 바이어슈트라스는 1861년 독일 최초의 순수 수학 세미나를 조직했다.

쿠머의 마지막 9년

쿠머는 1883년 갑자기 은퇴했는데, 자신의 생각을 논리적이고 일관되며 추상적인 방식으로 자유롭게 전개하는 데 필요한 능력과 기억력이 약화됐기 때문이라고 했다. 그리고 생애의 마지막 9년을 완전히 외진 곳에서 아홉 자녀와 함께 보냈다. 수학에서 완전히 손을 뗐으며, 어린 시절에 본 경치를 보기 위해 몇 번 여행한 경우를 제외하면 완벽하게 격리된 생활을 했다. 83세인 1893년 5월 14일 독감에 걸려 죽었다.

쿠머의 인용문

쿠머는 수학 연구 목적을 응용이 아니라 지식을 풍요롭게 하는 것이라고 생각했다. 그리고 수학을 외적인 자연의 실재와 독립적으로 그 자체를 목표로 추구할 때만 최고로 발달할 수 있다고 믿었다. 다음과 같은 말도 했다.

> 특이한 아름다움이 수학의 영역을 지배한다. 이 아름다움은 예술의 아름다움이라기보다는 자연의 아름다움을 닮았으며, 사려 깊은 사람의 마음을 감동시키고, 자연의 아름다움과 같이 수학의 진가를 인식하는 가운데 얻어진다.

❹ Ferdinand Joachimsthal(1818~1861), 독일의 수학자

갈루아 Évariste Galois

1811~1832

갈루아는 1811년 10월 25일 파리 근교의 부르라렌Bourg-la-Reine에서 태어났다. 18세 때 오차 방정식에 관한 논문을 프랑스 과학원에 보냈지만 묵살됐고, 다시 보낸 원고는 이해할 수 없다는 이유로 반송됐다. 에콜 노르말 쉬페리외르 재학 중 혁명 운동에 가담했다가 투옥됐으며, 가출옥 후 결투로 21세에 요절했다.

갈루아는 죽기 전 날 친구 슈발리에Auguste Chevalier에게 보낸 유고와 편지가 나중에 발표되어 사후에 명성을 얻었다. 이 유고에는 타원 적분과 대수 함수의 적분, 방정식론이 요약되어 있으며, 군 개념의 도입과 갈루아 이론의 본질적인 부분이 포함되어 있다.

루이르그랑 리세

갈루아는 12세까지 어머니Adelaide-Marie Demante로부터 교육을 받았고, 1823년 10월 파리에 있는 루이르그랑Louis-le-Grand 리세[1]에 입학했다. 당시, 프랑스에는 혁명의 여운이 남아 있었고, 학교에도 잔영이 남아 있었다. 교사

[1] lycée, 프랑스의 대학 예비 교육을 위한 국립 고등학교

들이 예수회 수사들을 학교로 다시 불러들일 것이라고 의심한 학생들은 교회에서 성가 부르기를 거부하는 등의 시위를 했다. 교사들은 죄가 가장 크다고 생각하는 40명의 학생을 부모에게 알리지도 않고 퇴학시켰다. 갈루아는 퇴학당하지는 않았지만, 폭정을 피부로 느끼게 됐으며 이 때의 경험이 그의 성격을 일부 왜곡시켰다.

갈루아는 어머니의 훌륭한 교육에 힘입어 처음에는 성적이 매우 뛰어났으며 상을 받기도 했다. 그러나 다음 해부터는 문학과 고전에 대한 흥미를 잃었고, 급기야 1826년에는 유급해서 3학년 과정을 반복해야 했다.

수학과의 만남

갈루아는 심각한 권태감 속에 빠져 있던 1827년 베르니에M. Verier 교사로부터 최초로 수학 강의를 들었고 이에 흥미를 느껴 수학에 몰두하게 됐다. 통상 2년의 기간 동안 배워야 할 르장드르의 기하학 책을 소설을 읽듯이 첫 페이지부터 마지막 페이지까지 술술 읽어 나갔다. 단 한 번의 독파로 황홀경에 빠진 소년은 초등 기하학의 전체 구조를 투명하게 꿰뚫어 볼 수 있었다.

갈루아는 학교 교과서에 흥미를 못 느끼고 당시의 대가인 라그랑주의 미분 방정식과 해석 함수에 관한 연구 결과를 직접 읽었고, 나중에는 아벨의 글을 읽었다. 전통적인 수학 과정은 수학 천재에게는 하찮은 것이었으며, 진정한 수학을 숙달하는 데 필수적이지 않았다. 갈루아는 다른 과목을 소홀히 했지만, 16세 때 이미 수학에서 기초적인 발견을 시작했다.

에콜 폴리테크니크 응시

갈루아는 1828년 아무런 준비도 없이 에콜 폴리테크니크 입학 시험을 치렀고 물론 낙방했다. 리세로 되돌아가서 교사 루이 리샤르[2]의 수학 강의를 들었다. 리샤르는 갈루아가 어려운 문제를 독창적인 방법으로 해결한 것을 보고 칭찬했으며 그의 천재성을 확인했다. 그리고 성공하지는 못했지만 갈루아를 구제하려고 노력했다. 갈루아는 자신의 연구에 더욱 몰두했으며, 다른 교과 공부는 더욱더 소홀히 했다.

갈루아는 18세 때 두 번째로 에콜 폴리테크니크 입학시험에 응시했지만, 아버지Nicholas-Gabriel Galois의 죽음 등에 영향을 받아서 또다시 실패했다. 그 시험 장면을 전설이 됐다. 갈루아는 거의 전적으로 머릿속으로 문제를 푸는 습관이 있었기 때문에, 칠판에 모든 과정을 제시해야 하는 시험은 그에게 심각한 불이익이었다. 분필과 지우개를 이용하는 방법을 몰라서 오히려 당혹스러웠다. 구두 시험 중에 한 시험관은 갈루아가 수학을 하는 데 어려움이 있다고 말했다. 모든 희망이 사라졌음을 알게 된 갈루아는 더 이상 참을 수 없었다. 분노와 절망감에 지우개를 들어 시험관의 얼굴에 세차게 내던졌다. 그것은 제대로 맞았다.

◙ 프랑스 과학원과의 악연

갈루아는 1829년 4월 연분수에 관한 그의 최초의 논문을 《제르곤의 연감》에 발표했다. 그리고 5월과 6월 방정식의 대수적 해법에 관한 두 편의 논문을 프랑스 과학원에 제출했다. 심사를 맡은 코시는 이를 발표하겠다고 약속했지만, 어이없게도 마지막 손질을 하다가 원고를 분실했다.

갈루아의 불행은 계속됐다. 1829년 7월 부르라렌 시장으로 있던 아버지의 비극적인 자살을 목격했다. 아버지가 죽고 몇 주 뒤에 치른 에콜 폴리테크니크 입학 시험에서 또다시 실패한 갈루아는 교사가 되기 위해 당시 지명도

❷ Louis-Paul-Émile Richard(1795~1849)

가 다소 떨어졌던 에콜 노르말 쉬페리외르에 입학했다. 그러나 자신의 탁월한 수학 능력을 스스로 확신하고는 교사가 되려는 생각을 포기하고, 자신의 발상에 따라 독자적으로 연구를 계속했다.

갈루아는 그 해에 방정식론에 관한 또 따른 논문을 코시에게 보냈지만, 아벨의 유고와 일부 겹친다는 사실을 알게 됐다. 코시의 조언을 받아들여 새롭게 쓴 논문 〈거듭제곱근으로 풀 수 있는 방정식의 조건에 대해〉를 1830년 2월에 과학원에 제출했다. 그 원고는 과학원 서기 푸리에에게 안전하게 전달됐다. 푸리에는 심사를 위해 원고를 집으로 가져갔지만, 읽어보기도 전에 죽고 말았다. 그가 죽은 뒤 논문의 흔적도 발견할 수 없었다. 코시의 실수 이후에, 이와 유사한 사건이 되풀이된 것은 단순한 사고라고 하기에는 너무도 가혹한 시련이었다.

갈루아의 증오는 더욱 커졌고, 1830년 혁명에 뛰어들어 공화주의자들의 편에 섰으며, 급진주의자가 됐다. 갈루아는 퇴학당했고, 국민 방위군 포대에 가입했다. 그러나 수학을 완전히 포기하지는 않았다. 그는 인정을 받기 위한 마지막 노력의 일환으로 방정식의 일반적인 해법(현재 '갈루아 이론' 이라고 부름)에 관한 논문을 1831년 1월 과학원에 보냈다. 그러나 심사관 푸아송은 다음과 같이 '이해할 수 없다' 는 형식적인 보고서를 제출했으며, 갈루아의 마지막 시도도 실패했다.

우리는 갈루아의 증명을 이해하려고 모든 노력을 했다. 그의 추론은 정당성을 판정할 수 있을 정도로 충분히 명백하지도 않고 충분히 전개되지도 않았다고 생각한다. 그래서 우리는 이 보고서에서 그 논문에 대해 어떠한 말도 할 수 없다. 저자는 이 논문의 특별한 목적인 그 정리가 다양하게 응용이 가능한 어떤 일반적인 이론의 일부라고 말하고 있다. 아마도 서로 명확하게 만드는 그 이론의 다른 부분을 함께 파악하는 것이,

> 분리해서 이해하는 것보다 오히려 더 쉬울 것이다. 그래서 우리는 저자가 자신의 명확한 주장을 펴기 위해서는 연구 결과 전체를 제출해 줄 것을 제안한다. 그러나 그가 과학원에 일부만을 제출한 상황에서 우리는 이 논문의 승인을 제안할 수 없다.

위험한 급진주의자

갈루아의 모든 시도는 실패로 끝났다. 이에 혁명적인 정치 활동에 자신의 모든 힘을 쏟았다. 그런데 그가 속해 있던 부대도 왕의 명령으로 1830년 12월에 해산됐다. 1831년 3월 9일 약 200명의 젊은 공화주의자들이 갈루아가 속해 있는 포대에 대한 왕의 해산 명령에 반대하는 연회를 열었다. 그 모임의 전체 분위기는 격앙되어 있었고 반항적이었다. 갈루아는 한 손에는 주머니 칼을 빼어들고 다른 손에는 잔을 들고 축배를 제안했다. "루이 필리프에게!"라고 외쳤다. 이는 왕의 생명에 대한 위협으로 해석됐고, 다음 날 갈루아는 체포 · 투옥됐다.

재판에서 갈루아의 충실한 친구들의 도움을 받아서 영리한 변호사는 갈루아가 실제로 말한 내용은 "루이 필리프에게, 만약 그가 배반자가 된다면." 이란 말이었다고 교묘하게 변론했다. 칼을 들고 있던 이유는 닭을 자르기 위해 이미 사용하고 있었다고 설명했다. 갈루아는 가까스로 무죄를 선고 받았다.

그러나 갈루아의 자유는 오래 가지 못했다. 한 달도 채 지나지 않은 1831년 7월 14일에 다시 체포됐다. 당국의 눈에 '위험한 급진주의자' 였던 갈루아는 아무런 죄도 없이 갇히게 됐다. 당국은 갈루아가 해산된 포병 부대의 제복을 입고 있었다는 죄목을 씌워 6개월의 징역형을 선고했다. 앞에서 소개한 푸아송의 거부 보고서는 감옥에서 받았다.

종말

갈루아는 전염병 콜레라의 만연으로 가석방됐다. 그리고 얼마 지나지 않았던 1832년 5월 29일, 한 여자Stephanie-Felice du Motel 문제로 결투를 하게 됐다. 여자 문제를 가장한 정치적 모략이었다는 말도 있다. 5월 30일 매우 이른 시각에, 갈루아는 25보를 사이에 두고 결투를 벌였다. 총알이 갈루아의 복부를 관통했고, 갈루아는 쓰러졌다. 쓰러진 채 방치됐다가, 그곳을 지나던 한 농부가 병원으로 이송했다. 갈루아는 자신이 죽어가고 있음을 알았다. 그의 가족 중에서 유일하게 이 소식을 알게 된 남동생이 눈물을 흐리면서 도착했다. 갈루아가 동생을 위로하며 말했다. "울지 마라. 20세에 죽으려면 큰 용기가 필요하다"

1832년 5월 31일 새벽, 21세의 갈루아는 죽었다.

유고

갈루아는 결투 전 날, 밤을 새워가며 자신이 발견한 수학 결과들을 정리했다. 부족한 시간 때문에 중요한 결과만을 간략하게 휘갈겨 썼다. 이 유고와 함께 과거에 과학원에 보냈던 몇 개의 논문을 친구 슈발리에에게 위탁했다. 뒤에 리우빌이 이것들을 입수했고, 1843년 9월 프랑스 과학원에서 이를 발표했는데, 다음과 같은 말로 강연을 시작했다.

> 내가 갈루아의 논문들 속에서 거듭제곱근에 의한 풀이 여부를 결정할 수 있는 이 아름다운 문제에 대한 정확할 뿐만 아니라 심오한 해법을 발견했다는 사실을 공포하는 데 과학원이 관심을 갖기를 바랍니다. …

갈루아가 세계에 남긴 핵심적인 개념은 역사상 가장 중요한 개념의 하나로 밝혀졌는데, 그것은 수학의 많은 분야뿐만 아니라 물리학, 화학, 공학의 여러 분야에 응용되고 있다. 그것은 '군group'의 개념이다. 1846년 리우빌은 몇 개의 논문을 편집해서 《순수 및 응용 수학 잡지》에 실었다. 그래서 갈루아의 업적은 사후에 인정받을 수 있었고, 수학자들을 수백 년 동안 바쁘게 만들었다.

실베스터 James Joseph Sylvester

1814~1897

실베스터는 1814년 9월 3일 잉글랜드 런던의 유대인 가정에서 태어났다. 유대인 학교를 졸업하고, 14세 때 유니버시티 대학University College을 몇 달 다녔는데, 이때 드 모르간으로부터 배우기도 했다. 2년 정도 리버풀에 있는 학교를 다녔고, 1831년에는 케임브리지의 세인트존스 대학에 입학해서 공부했다. 병으로 오랫동안 휴학했는데, 1837년에는 수학 우등 졸업 시험에서 2등을 했다.[1] 그러나 종교 문제로 케임브리지 대학을 졸업할 수 없었다.

드 모르간으로부터 수학 재능을 인정받아 1838년에 유니버시티 대학 자연 철학 교수가 됐다. 1841년에 더블린의 트리니티 대학으로부터 학사와 석사 학위를 취득하고, 이 해에 미국 버지니아 대학으로 옮겼다. 1843년 영국으로 되돌아가서 한때 보험 계리인이 되기도 했으며, 1845년 런던 법학원에 들어가 공부하고 런던에서 변호사로 개업했다. 이때, 동업자 케일리를 만났고 건설적인 공동 연구를 통해 선형 대수학을 확립했으며 불변론을 연구했다. 1855년 변호사를 그만두고 육군사관학교 교관으로 있다가, 1870년 55세로 정년 퇴직한 뒤 시작試作 활동을 했다. 1876년에는 미국으로 다시 건너가 존스 홉킨스 대학 교수가 됐고, 1883년에는 영국으로 돌아가 옥스퍼드 대학의

❶ 같은 해에 함께 시험을 치른 유명한 수학자로 4등을 한 그린, 제임스 그레고리(James Gregory, 1638~1675)의 고손자로 5등을 한 덩컨 그레고리(Duncan Gregory, 1813~1844)가 있다.

새빌 기하학 교수가 됐다. 그는 1897년 3월 15일 사망했다.

불변론의 연구로 명성을 얻은 실베스터는 수학사에서 가장 화려한 경력을 자랑하는 수학자에 속하며, 이 사람에 관한 이야기를 모으면 꽤 두꺼운 책이 될 것이다. 시간이 지나면서 일부 이야기는 과장이 됐지만, 실베스터의 성격에 대해 많은 것을 시사하고 있다.

▣ 성을 갈다

에이브러험 조지프Abraham Joseph가 낳은 많은 자녀 중에서 맏아들은 미국으로 이민 갔는데, 세 개의 이름이 필요해서 성 '실베스터Sylvester'를 추가했다. 나머지 가족도 덩달아 곧 이렇게 성을 추가했다. 그래서 그 뒤 막내인 제임스 조지프는 제임스 조지프 실베스터 또는 간략하게 제이 제이 실베스터 J. J. Sylvester로 불렸다.

▣ 미국과의 첫 인연

미국에 있던 실베스터의 맏형은 보험 계리인이었는데, 미국의 복권 청부인 협회의 중역들에게 그들을 괴롭히고 있던 순열에 관한 어려운 문제를 어린 동생 제임스 조지프에게 맡겨보자고 제안했다. 당시 제임스 조지프는 겨우 16세였다. 그는 이 문제를 완전하고 만족스럽게 해결했기 때문에, 중역들은 이 젊은 수학자에게 거금 500달러의 상금을 주었다.

▣ 버지니아 대학

유대인이었던 실베스터는 케임브리지 대학에서 수학 우등 졸업 시험을 2등으로 통과했지만, 선서 조례 때문에 케임브리지 대학에서 학위를 받을 수 없었고 연구원도 교수도 될 수 없었다. 그렇다고 처음으로 얻은 직업인 유니버시티 대학의 자연 철학 교수직에도 만족할 수 없었다. 그는 수학을 가르치고 싶었다. 그래서 1841년 과감하게 그 자리를 버리고 고향을 떠나서, 머나먼 미국 버지니아 대학의 수학 교수가 됐다. 27세의 젊은 혈기와 열정을 다해서 새로운 임무를 시작했는데, 이런 대담한 시도가 겨우 석 달 반 뒤에 어떤 불쾌한 사건으로 끝장나리라고는 결코 상상하지도 못했었다.

일부 학생이 외국인이며 유대인 교수의 출현에 분개하고 있다는 사실이 곧 명확해졌고, 실베스터 교수는 강의실에서 곤혹스러운 경험을 맛보기 시작했다. 3개월 동안 더욱 더 심해지는 괴롭힘을 당한 뒤에, 결국 밸러드W. H. Ballard라는 학생이 강의 중에 그에게 가하는 심각하게 불손한 행동을 학교측에 보고했다. 실베스터 교수가 없는 상황에서, 밸러드 학생이 소환되어 자신의 입장을 변호했다. 그 학생의 주장은 실베스터 교수의 주장과 매우 달랐고, 한 동료 학생의 지지도 얻었다. 실베스터 교수는 이런 편향된 청문회에 반대했고, 다른 중립적인 학생들의 증언이 채택되지 않은 이유에 대해 의문을 제기했다. 실베스터 교수의 청원을 받아들이기 위해 그런 증인들이 다음 번에 호출됐다. 그러나 그들도 밸러드 학생의 주장을 지지하는 것으로 보였다. 상황이 이렇게 되자, 교수단의 의견도 모호해졌다. 실베스터 교수는 학생과 동료 교수들로부터 신뢰받지 못함을 알았으며, 확고한 결단이 없는 교수단에 실망하고 마음의 상처를 입어서 조건 없이 사표를 제출했다. 사표는 수리됐고 그는 버지니아 대학교를 떠났다.

실베스터는 형이 살고 있는 뉴욕으로 가서 거의 2년 동안 대학 교수직을 찾으려고 애썼지만 결국 실패했다. 그에 따라 빈털터리가 되어 1843년 11월 잉글랜드로 되돌아갔다.

젊은 시절의 우연

실베스터는 한푼도 없이 고향으로 돌아가서는 생계 수단으로 수학 개인 교습을 했다. 당시 가장 뛰어난 제자는 나이팅게일[2]이라는 젊은 여성이었다. 그녀는 나중에 병원 간호 업무의 개혁자로 세계적인 명성을 떨쳤다. 실베스터가 1854년 개인 교습을 그만둔 바로 그 해에 나이팅게일은 크리미아 전쟁의 전쟁터로 가기 위해 영국을 떠났다.

나이팅게일은 신학과 통계학에 대해 다음과 같이 말했다. "신학의 진정한 기초는 신의 특성을 확실히 하는 것이다. 바로 통계학의 도움으로 사회권의 법칙을 규명하고 조직화할 수 있으며, 이를 통해 신의 특성들이 명확한 모습으로 드러난다. 그래서 통계학 연구는 종교적인 의식이다."

변호사 실베스터

잉글랜드로 되돌아간 실베스터는 수학 개인 교습을 하고 보험 계리인으로 일하기도 했다. 1845년부터는 법학을 공부해서 변호사 자격을 취득했고, 변호사 사무소를 차려서 1855년까지 운영했다. 이때, 수학 동지 케일리를 만났으며, 행렬식에 관한 논문과 불변론으로 불리게 된 일련의 선구적인 연구 결과를 발표했다.

실베스터는 유럽 대륙에 비해 수학에서 뒤쳐진 영국에서 자신의 수학 업적을 널리 알리기 위해 1850년경부터는 유럽 대륙, 특히 프랑스 수학자들과 빈번한 교류를 가졌다. 이를 통해 국제적인 명성을 쌓았다.

1855년 한 번의 실패 끝에 드디어 육군사관학교 수학 교수가 됐고, 그 곳에서 15년 동안 근무했다.

[2] Florence Nightingale(1820~1910)

존스 홉킨스 대학

실베스터는 버지니아 대학에서 불행하고 불쾌한 경험을 맛보았기 때문에, 미국에 대해 어떠한 미련도 남지 않았을 것으로 보인다. 그러나 1876년 다시 대서양을 건넜는데, 이번에는 볼티모어에 새로 설립된 존스 홉킨스 대학의 자리를 얻었다.❸

실베스터는 존스 홉킨스 대학에서 7년 동안 머물렀는데, 이 기간이 그의 인생에서 가장 행복하고 생산적인 시기였다. 실베스터는 존스 홉킨스 대학에 있을 때, 9명의 박사를 배출했으며 1878년 미국 최초의 수학 잡지인 《미국 수학 잡지American Journal of America》를 창간했다.

취임 강연

실베스터가 존스 홉킨스 대학에 재직할 때 그에 관한 다채롭고 재미있는 이야기가 많이 있다. 다음 일화는 사실이 아닐 수 있지만, 실베스터가 얼빠진 행동으로 얻은 명성을 잘 예시해준다.

실베스터는 영국으로부터 존스 홉킨스 대학에 도착했을 때, 중요한 강연을 요청 받았다. 그는 강연을 위해 원고를 준비했다. 그런데 강연장에서 소개를 받고 강단으로 나갔을 때 원고를 찾을 수 없었다. 강연을 연기해 달라고 요청했다. 그는 자신의 연구실로 돌아가서 철저히 조사했지만, 원고를 찾을 수 없었다. 원고를 영국에 남겨두고 온 것이 분명하다고 생각하고는, 이를 찾기 위해 다시 바다를 건넜다. 잉글랜드 집에 도착해서 잃어버린 원고를 부지런히 다시 찾기 시작했다. 오랜 시간이 흐른 뒤 드디어 원고를 찾았다, 자신의 주머니 속에서.

❸ 참고로 당시의 연봉이 120달러였다.

산만한 강의

실베스터는 대단히 산만한 교사였다. 언젠가 새로운 '보편 대수학' 에 대해 세 번 강의하겠다고 공고했다. 셋째 강의 뒤에 열두 번의 강의로 확대해야 하겠다고 말했다. 결국, 보편 대수학에 대한 강의는 1년 내내 계속됐다.

실베스터는 그 다음 해에 네토[4]의 책을 사용해서 치환 이론을 강의하기로 했다. 모든 학생이 그 책을 샀고, 그는 처음 세 번 강의하는 동안 그 책을 충실히 따라갔다. 그런데 어떤 행렬 문제에 관심을 갖게 됐는데, 한 주일 중 한 번은 행렬에 대해 강의하겠다고 공표했다. 한 시간으로는 충분하지 못하다는 사실이 곧 밝혀졌고, 그로부터 두 주 뒤에는 네토의 책은 잊혀졌고 다시는 언급되지도 않았다.

실제스터는 강의실에 들어와서 다음과 같이 말한 적이 있었다. "여기에 정말로 놀라운 정리가 있다. 나는 아직까지 이것을 증명한 적이 없지만, 이것이 참이라고 전적으로 확신한다. 여기에 이 정리의 몇 가지 결과가 있다." 다음 강의에서 그는 지난 시간에 말한 그 놀라운 정리가 거짓으로 판명됐다고 공표하고는, 그것을 교정한 훌륭한 결과를 제시했다. 이런 방법으로 몇 가지 훌륭한 발견이 이루어지기도 했다.

산만한 학생

실베스터는 말년에 타원 함수에 대해 아는 것이 거의 없었지만 당시 관심이 있던 수론의 어떤 부분에 이를 응용하고 싶어서 젊은이를 고용해서 그 내용을 자신에게 가르치도록 했다. 실베스터는 몇 번의 강의 끝에 이를 포기하고, 그 젊은이에게 자신의 최근의 대수적 발견을 강의하기 시작했다.

[4] Eugen Otto Erwin Netto(1848~1919), 독일의 수학자로 군론 연구

산만한 저자

실베스터는 논문을 매우 어렵게 완성했다. 그의 필체는 너무 형편없었기 때문에 인쇄업자가 대단히 불편해 했다. 잡지사에 제출한 논문은 그의 손을 떠나자마자 변경과 교정과 추가를 반복해야만 했다. 그로부터 여러 번의 서신 왕래가 있은 뒤에도 또다시 정정해서 편집자와 인쇄업자를 곤경에 빠뜨렸다.

증명에 대한 다음과 같은 확고한 신념 때문이었을까? "나는 완전한 증명 또는 엄밀하게 증명된 정리라는 말을 언제나 불합리하게 생각한다. 불완전한 증명은 증명이 아니고, 엄밀하게 증명되지 않은 수학적 진실은 결코 증명된 것이 아니다."[5]

신비로운 망각

실베스터는 매우 잘 까먹었는데, 자신이 발견한 수학적 사실을 기억하는 데도 어려움을 겪었다. 어떤 경우에 한 동료가 이야기한 수학 명제에 반대했다. 그런 명제는 결코 들어본 적도 없으며 참일 수 없다고 주장했다. 이에 그 동료는 실베스터가 쓴 논문을 보여줌으로써 그를 깜짝 놀라게 만들었다. 그 논문에는 실베스터가 반대한 명제가 증명과 함께 실려 있었다.

이런 경우도 있었다. 실베스터는 런던 수학회에 논문 게재를 청탁하면서, 지난 20년 동안 그 분야에서 가장 중요한 결과라고 주장하는 편지를 함께 보냈다. 서기는 그의 주장에 전적으로 동의하지만, 실베스터가 5년 전에 그 결과를 런던 수학회의 잡지에 이미 발표했었다는 사실을 알려주었다.

[5] *Mathematics Magazine*, vol 65, no 1, MAA, p. 26.

무의식적인 표절

실베스터는 남의 논문을 무의식적으로 표절한 적도 있었는데, 《왕립 학회 철학 회보》[6]에 다음과 같이 썼다.

> 케일리 교수는 내가 원작자라는 사실이 의심스러워진 그 정리를 슐레플리[7]의 논문 〈소거에 대해De Eliminatione〉에서 찾아볼 수 있을 것이라고 알려주었다. 나는 그와의 우정을 자랑스럽게 생각하는데, 이런 무의식적인 표절로 그에게 실례를 범한 것은 이번이 처음은 아니다. 더욱 두드러진 경우가 프랑스 과학원 《보고서》에 게재한 정육면체 면들의 27개의 직선에 관한 나의 원고에서 발생했다. 나는 그 원고에서 슐레플리가 《수학 잡지Mathematical Journal》에 게재한 논문의 명명법과 표기법 및 일부 내용을 (몽유병자처럼) 그대로 복사했었다. 《수학 잡지》의 표지에 있는 편집자의 목록 중에는 나의 이름도 끼여 있었다.

졸업식 축사

실베스터가 존스 홉킨스 대학에서 졸업식 축사를 한 적이 있었다. 수학자는 축사와 같은 일을 결코 잘할 수 없다는 말로 시작했다. 이유는 수학의 언어가 일반적인 연설과 전혀 어울리지 않다는 것이었다. 즉, 수학은 매우 간결한데, 이에 따라 몇 쪽에 써야 할 말을 단 몇 개의 기호로 나타낼 수 있다는 것이었다. 그는 이런 수학적인 표현에 익숙하기 때문에, 그의 축사는 아주 짧았을 것으로 보인다. 그런데 그는 세 시간이 지난 뒤에야 끝을 맺었다.

---

[6] *The Philosophical Transactions of the Royal Society*, 1864, p. 642

[7] Ludwig Schläfli 1814~1895, 스위스의 수학자

시 낭송회

실베스터는 시와 시작의 법칙에 대해 관심이 많았다. 호라티우스와 독일 시인들의 시를 훌륭하게 번역했으며, 자신도 여러 편의 독창적인 시를 지었다. 《시작의 법칙The Law of Verse》이라는 책도 썼는데, 이는 육군사관학교 교수를 은퇴하고 존스 홉킨스 대학으로 가기 전에 그가 남긴 유일한 저작물이다.

실베스터는 미국 볼티모어에서 시작의 기교를 예시하기 위한 강연으로 로절린드Rosalind 시 낭송회를 가졌다. 그 시는 적어도 400행으로 이루어져 있었는데, 모두 (i의 장음과 단음을 모두 허용하는) 이름 로절린드의 운을 밟는다. 방을 가득 메운 청중은 이런 진기한 경험을 통해 시에 대한 흥미와 즐거움을 얻기를 기대했다. 그런데 실베스터는 설명을 위해 주석이 많이 필요함을 발견했다. 그래서 방해받지 않고 시 낭송을 할 수 있도록, 본론에 들어가기 전에 주석들을 먼저 읽겠다고 알렸다. 그런데 거의 모든 주석에는 추가적인 설명이 필요했다. 각 주석의 설명에 흥이 난 실베스터는 시간이 흐르고 관중들이 지루해하는 것을 조금도 눈치채지 못했다. 마지막 주석을 재빨리 끝내고 시계를 봤는데, 놀랍게도 벌써 한 시간 반이 흐른 뒤였다. 청중이 기대한 시 낭송은 시작도 못한 상태였다. 경악하는 그의 표정과 청중으로부터 나온 즐거운 웃음소리가 대비됐다. 청중에게 약속이 있으면 언제든지 자리를 뜰 수 있다고 사과하고는 로절린드 시를 읽기 시작했다.

아마추어 음악가

실베스터는 시에 대한 깊은 관심과 함께 음악에도 또한 관심을 가졌는데, 실제로 능숙한 아마추어 음악가였다. 한때 프랑스의 유명한 작곡가 구노[8]로

[8] Charles François Gounod(1818~1893)

부터 성악 지도를 받았으며, 종종 노동자들의 모임에서 노래를 불러 분위기를 돋우었다. 수학에서 자신의 불변 이론보다도 노래를 부를 때 자신의 높은 C에 더 긍지를 가졌다는 말이 있다.

실베스터는 수학과 예술 사이의 유사점을 예리한 감각으로 파악했는데, 자신의 글에 그 관계를 자주 표현했다. 예를 들면, 그는 논문 〈허근의 발견을 위한 뉴턴의 법칙에 대해〉의 한 주석에서 다음과 같이 주장했다.

> 음악을 감각의 수학으로 묘사할 수 있을까? 그리고 수학을 이성의 음악으로 묘사할 수 있을까? 각각의 혼은 서로 같지 않은가! 그래서 음악가는 수학을 느끼고 수학자는 음악을 생각한다. 음악은 꿈이고 수학은 삶이다. 양자는 서로 다른 편으로부터 완성의 극치를 얻는다.

바이어슈트라스

Karl Theodor Wilhelm Weierstrass

1815~1897

바이어슈트라스는 1815년 10월 31일 독일 뮌스터 근처의 작은 마을 오스텐펠데Ostenfelde에서 4남매의 맏이로 태어났다. 1834년 본 대학 법학부에 입학했지만 3년 동안 운동과 사교를 즐기고 플뤼커❶의 기하학 강의만 들으며 재학했기 때문에 학위를 받지 못했다. 그 뒤 수학 교원 검정 시험을 준비하기 위해 1839년에 뮌스터 대학에 들어갔는데, 이때 구더만❷으로부터 타원 함수에 관한 강의를 들었다. 1841년 검정 시험에 합격했으며, 이때부터 1856년까지 김나지움에서 가르쳤다. 1856년 여름 베를린 공예학교 교수가 되고, 가을에는 베를린 대학 조교수를 겸했다. 1864년에야 교수로 승진했다.

바이어슈트라스는 평생을 독신으로 지냈는데, 역시 독신이었던 두 여동생과 함께 살았다. 이들은 프란츠Franz라는 소년을 키웠는데, 그 부모는 전혀 밝혀지지 않았다.

수업도 하지 않고 연구하다

바이어슈트라스는 의심할 바 없이 역사상 가장 훌륭한 수학자의 한 사람이지만, 중등학교에서 생애의 대부분을 보냈다. 1848년 가을 발틱 해에 접한

❶ Julius Plücker(1801~1869), 독일의 수학자

❷ Christoph Gudermann(1798~1852), 독일의 수학자

동프로이센의 도시 브라운스베르크Braunsberg에 있는 김나지움으로 옮겼는데, 수학과 물리학은 물론 독일어, 식물학, 지리학, 역사, 체조, 서법 등도 가르쳤다. 수학에 대해 논의할 동료도 없고 이용한 도서관도 없는 상태에서 여유 시간은 모두 수학 연구에 몰두했는데, 당시에 있었던 다음과 같은 이야기가 전해진다.

어느 날 아침 바이어슈트라스가 8시 강의에 나타나지 않았다. 교장은 그가 결근한 이유를 확인하기 위해 그의 집을 몸소 찾아갔다. 집 안으로 들어간 교장은 그가 어두운 방 안의 침침한 불빛 아래에서 무엇인가 열심히 하고 있는 것을 발견했다. 그는 동이 튼 사실을 전혀 모르고 있었다. 시간의 흐름을 전혀 인식하지 못하고 밤새도록 연구했던 것이었다. 교장이 학생들이 법석을 떨면서 그를 기다리고 있다고 말하자, 그는 교장에게 양해를 구했다. 자신은 과학계를 깜짝 놀라게 할 만한 중요한 수학적 사실을 막 발견하고 있다고 말했다.

▣ 대기만성

바이어슈트라스는 수학 교사로 근무하면서도, 빈 시간에는 수학 연구에 몰두했으며 논문을 써서 학교 잡지에 게재하기도 했다. 학창 시절부터 구독하던 《크렐레의 잡지》에 투고한 아벨 함수에 관한 논문이 1854년에 게재됐는데, 이를 통해 바이어슈트라스는 즉각적으로 명성을 얻었다. 쾨니히스베르크 대학에서는 명예 박사 학위를 주었고, 브라운스베르크 김나지움에서는 연구에만 전념할 수 있도록 배려해 주었다.

1856년에 쿠머의 도움으로 베를린으로 가서 대학에서 강의하기 시작했는데, 49세가 되어서야 정교수가 됐다. 많은 수학자는 이 나이에 이미 창조적인 연구를 끝마쳤을 때다. 그는 중등학교에서의 경험을 결코 후회하지 않았다.

수학사에서 그는 일류 연구 수학자 가운데 가장 뛰어난 교사로 기록됐다.

해석학의 산술화

미분 적분학은 17세기 말에 발견된 이래 넓고 놀라운 응용력으로 수학자들을 매료시켰지만, 그 기초는 매우 불만족스러운 상태였다. 미분 적분학을 바탕으로 발전해서 거대한 수학 분야가 된 해석학 내에 불합리함과 모순이 더욱 쌓이면서, 수학의 기초는 혼란스러운 위기를 경험하게 됐다. 18세기에 달랑베르와 라그랑주가 이 위기를 극복하기 위해 연구했지만 성공하지 못했다.

19세기에 들어와서 가우스는 직관적인 논증을 타파하고 수학적 엄밀성에 대해 당시의 다른 수학자들보다 높고 새로운 기준을 설정했다. 1812년에 초기하 급수를 취급한 방법에서 무한 급수의 수렴성에 대한 진정으로 적절한 최초의 고찰로 간주되는 내용을 접하게 된다. 그리고 1821년에 코시는 받아들일 만한 극한 이론을 전개하고 다음에 극한 개념을 이용해서 연속, 미분, 정적분을 정의함으로써 해석학의 기초를 어느 정도 정비했다. 본질적으로 이런 정의가 바로 오늘날 미분 적분학에 대해 좀 더 엄밀하게 저술된 초등 교과서에서 찾아볼 수 있는 것들이다.

해석학의 기초에 대한 좀 더 깊은 이해가 요구된다는 사실이, 1874년 바이어슈트라스가 그 전에 고안했던 예의 등장과 함께 결정적으로 밝혀졌다. 그 예는 도함수가 없는 연속 함수, 다른 말로 하면 모든 점에서 접선이 존재하지 않는 연속 곡선이다. 그것은 직관적인 믿음과는 아주 상반되는 것이었다. 이 예는 해석학 연구에서 기하학적 직관의 사용에 치명적인 타격을 가했다.

코시의 극한 이론은 실수 체계에 대한 단순하고 직관적인 기하학적 개념에 근거해서 설립됐었다. 극한 개념, 연속성, 미분 가능성, 적분 가능성, 수렴성은 그 전에 가정했던 것과는 다른 실수 체계의 좀 더 심오한 성질에 근거하고 있다는 사실이 분명해졌다.

이에 따라 바이어슈트라스는 먼저 실수 체계를 논리적으로 엄밀하게 전개하고, 다음에 실수 체계를 이용해서 극한 개념, 연속성, 미분 가능성, 수렴, 발산, 적분 가능성을 정의하자는 계획을 주장했다. 두 부분으로 이루어진 이 뛰어난 계획을 '해석학의 산술화arithmetization of analysis' 라고 부른다. (이 이름은 1895년에 클라인이 붙였다.) 이 과제가 복잡하고 어렵다는 사실이 밝혀졌지만, 19세기 말에 이르러 바이어슈트라스와 이에 관심을 쏟은 다른 수학자들에 의해 드디어 성취됐다.

크로네커와의 관계

바이어슈트라스의 명성은 드높아졌고, 제자 대부분은 그의 이론을 복음과 같이 받아들였다. 이렇듯 그는 베를린 대학에서 상당한 권위를 누렸지만, 동료들로부터의 반대에 종종 직면했다.

심각한 상황이 1870년대 말에 있었는데, 절친한 관계를 유지하던 동료 크로네커가 큰 동요를 일으켰다. 이는 부분적으로 크로네커가 칸토어와 격렬하게 반목하기 시작했기 때문인데, 칸토어는 어떤 면에서 바이어슈트라스의 부하와 같았다. 귀류법에 근거한 증명을 인정하지 않았던 크로네커는 곧 바이어슈트라스의 연구마저 비판하기 시작했다. 그가 다변수 세타 함수에 관한 바이어슈트라스의 연구 결과 전체를 자신이 먼저 얻었고, 바이어슈트라스는 실제로 자신의 제자라고 주장하는 지경에 이르러 사태는 최악의 상황에 도달했었다. 바이어슈트라스는 무척 괴로웠으며, 스위스로 떠날 것을 심각하게 고려했다. 그렇지만 그렇게 하면 크로네커가 자신의 강력한 지위를 이용해서 후임자 선정에 영향을 줄 것이라고 생각하고는 베를린 대학에 그대로 남기로 했다.

바이어슈트라스는 야코비나 크로네커와 같은 유대 수학자는 리만이나 자신과 같은 비유대 수학자보다 상상력이 떨어진다고 생각했다. 그 뒤에 클라인도 이렇게 생각했는데, 이는 당시에 일반적인 견해였다.

진기한 학술 회의

위대한 수학자를 기리기 위해 학술 회의를 개최하는 것은 수학자들에게는 특이한 일이 아니다. 이런 모임은 해당하는 수학자의 생일과 관련된 날에 자주 열린다. 그래서 브린 모어 대학에서 가르친 적이 있는 뇌터의 탄생 100주년을 기념하는 모임이 1982년 브린모어 대학에서 있었다. 그리고 가우스의 탄생 200주년을 기념하기 위한 모임이 1977년에 상당히 많이 열렸다. 1979년에는 아인슈타인의 탄생 100주년을 기념하기 위한 모임이 대단히 많이 있었다.

그런데 매우 진기한 회의가 1985년 매사추세츠의 프레이밍햄Framingham 주립 대학에서 열렸다. 이 회의는 어떤 위대한 수학자의 탄생 100주년이 아니라 위대한 수학 정리 '바이어슈트라스의 근사 정리' 의 탄생 100주년을 기념하기 위한 모임이었다. 바이어슈트라스의 근사 정리는 다음과 같다. "실수의 닫힌 구간에서 정의된 임의의 연속 함수는 그 구간에 정의된 절대 수렴하고 균등 수렴하는 다항 함수열로 근사시킬 수 있다." 이 뛰어난 정리는 바이어슈트라스가 70세였던 1885년 7월 《프로이센 과학원 보고서》[3]에 발표했다.

이 회의에서는 연구 수학자들과의 실질적인 접촉도 없이 15년 동안 낮에

[3] *Preussiche Akademie der Wissenschaften Naturwissenschaftlich Mitteilungen*

는 고등학교에서 가르치고 밤에만 수학을 연구했던 바이어슈트라스의 개인적인 경력에 합당한 경의를 표하기 위해, 일부 중등학교 교사가 초청됐고, 강연자들에게는 이런 참석자에게 적절한 내용을 강연해달라고 요청했다.

바이어슈트라스의 근사 정리는 19세기의 마지막 사반 세기 동안 어마어마하게 큰 관심을 끌었다. 이런 관심은 여러 가지 서로 다른 증명을 탄생시켰고, 20세기에도 새로운 미해결 문제를 양산시켰다. 이런 미해결 문제 중 일부는 현재 해결됐지만, 아직도 연구 중에 있는 문제도 있다. 그래서 바이어슈트라스는 100여 년 동안 수학계의 관심을 사로잡은 정리를 발견했으며, 수학에서 중요한 한 분야가 된 정리를 발견했다. 게다가 바이어슈트라스의 생애는 수학을 공부하는 모든 사람에게 큰 영감을 줄 수 있다. 왜냐하면 그는 41세가 되어서야 박사 학위를 취득했고, 여생을 오직 수학 연구에 전념했기 때문이다. 이에 덧붙여, 위대한 연구가만이 아니라 뛰어난 교사로서 존경의 대상이 됐다.

불 George Boole

1815~1864

불은 1815년 11월 2일 잉글랜드의 링컨Lincoln에서 구두 제조공의 장남으로 태어났다. 어려서부터 여러 가지 어학을 배웠는데, 16세부터 초등학교 보조 교사로 일했고, 19세 때부터는 학교를 직접 운영하면서 독학으로 수학을 공부했다. 하층 계급이었기 때문에 저명한 대학의 교수가 되지 못하고, 1849년부터 아일랜드 코크Cork의 퀸스 대학 교수로 일생을 마쳤다. 그는 1954년 《논리학과 확률론의 수학적 이론이 근거하는 사고의 법칙에 대한 고찰》[1](간단히 《사고의 법칙》)을 발표했다. 여기에서 유類의 논리를 전개했는데, 이것이 오늘날의 '불 대수학' 이다. 이는 전화 교환과 컴퓨터 설계 등에 널리 활용되고 있다.

독학자

하층 계급의 가난한 집안의 아들로 태어난 조지 불은 학교를 다녔지만, 당시 학교에서서는 신분 상승을 도모할 정도의 교육은 시키지 않았다. 아버지John Boole는 구두 수선공이었지만 과학과 수학에 관심이 컸고, 어린 조지에게 수학을 가르쳐 주었다. 조지가 언어에 관심을 보이자, 동네 서적상으로부터 라틴어를 배울 수 있게 했다. 라틴어를 배운 조지는 그리스어를 독학했다. 12세

[1] *An Investigation of the Laws of Thought on Which Are Founded the Mathematical Theories of Logic and Probabilities*

때 호라티우스의 시를 영어로 번역할 수 있었는데, 이것이 지방 신문에 게재됐다. 1828년에는 상업 학교를 다녔는데, 그곳에서 배울 수 없는 프랑스어와 독어를 스스로 공부했다.

불은 아버지의 사업이 무너지자 가족의 생계비를 벌기 위해 16세 때부터 초등학교 보조 교사로 일했다. 그러면서도 어학 공부와 함께 수학을 공부하기 시작했는데, 처음으로 읽은 고등 수학 책은 라크루아의 《미분 적분학》이었다. 1824년부터는 학교를 직접 운영하기 시작했다. 1838년경에는 라플라스와 라그랑주의 책을 공부했는데, 이것이 그의 첫 논문의 기초가 됐다. 논문은 《케임브리지 수학 잡지》❷에 게재하기 시작했다.

인연

덩컨 그레고리❸는 당시 케임브리지 대학 교수였고, (1837년에 창간된) 《케임브리지 수학 잡지》의 편집자였다. 논문 투고를 통해 알게 된 불에게 케임브리지 대학에서 수학을 배우라고 권유했다. 그러나 학교 운영 수입으로 부모를 돌봐야 하는 불은 그럴 수 없었다. 1840년경부터는 《케임브리지 수학 잡지》에 정기적으로 논문을 게재하기 시작했고, 그레고리의 영향으로 대수학에 관심을 두게 됐다.

불은 1842년경부터 드 모르간과 서신을 교환했다. 대수학적 방법을 미분방정식에 활용한 논문 〈해석학의 일반적인 방법에 대해〉를 드 모르간에게 보내어 그의 평을 받고, 《왕립 학회 회보》❹에 1844년에 게재해서 수학적 명성을 높였고 왕립 학회의 상도 받았다. 드 모르간, 케일리, 톰슨 등의 추천과

❷ *Cambridge Mathematical Journal*
❸ Duncan Gregory(1813~1844)
❹ *Transactions of the Royal Society*

후원으로 1849년에 아일랜드 코크의 퀸스 대학 교수가 됐다.

불은 37세였던 1855년에야 결혼했는데, 신부는 메리[5]였다. 메리는 불의 동료였던 그리스어 교수의 조카이기도 했는데, 1850년 메리가 코크를 방문했을 때 처음 만났고 1852년 불이 잉글랜드의 에베레스트 집안을 방문했을 때 다시 만났다. 불은 메리에게 미분 적분학을 가르치기도 했는데, 1855년 메리의 아버지가 죽고 그녀를 돌봐줄 사람이 없게 되자 청혼했다. 당시 메리는 겨우 20세였다. 매우 행복한 결혼 생활이었으며, 5명의 딸을 두었다.

순수 수학과 형식 논리학

1901년 러셀은 다음과 같이 썼다. "순수 수학은 불이 《사고의 법칙》이라고 부른 책을 통해 발견했다. … 그 책은 형식 논리학에 관한 연구인데, 형식 논리학은 수학과 같은 것이다." 기호 논리학에 대한 불의 초기 연구는 그 뒤 화이트헤드와 러셀의 《수학적 원리》로 꽃을 피웠다.

결강 불가

대학생들은 종종 아주 작은 핑계로 수업을 빼먹기도 하지만, 교수들은 어지간한 신체적인 고통은 감내하면서 휴강하지 않는다. 불은 교수로서의 이런 성실함 때문에 치명적인 위험한 노출됐고, 그의 생명은 그가 매우 창조적이었던 시절에 갑자기 끝나버렸다. 1864년 어느 날 비를 흠뻑 맞으면서 집에서 3킬로미터 정도 떨어진 퀸스 대학까지 걸어갔고, 젖은 옷을 입은 채로 강의했다. 그 결과 열 감기로 폐를 크게 손상당했고, 50세였던 1864년 12월 8일 인생을 마감했다.

[5] Mary Everest, 측량가 · 지리학자로 인도를 측량하고 '에베레스트산'으로 이름을 남긴 조지 에베레스트(George Everest, 1790~1866)의 조카.

유산은 공집합

조지 불은
매우 총명했다.
그러나 잊지 말자-
그의 수학적 유산은 공집합임을.

George Boole
was nobody' s fool:
but never forget –
his mathematical legacy is the empty set.
– Robin Harte[6]

해밀턴의 무관심

전성기 때의 해밀턴은 쾌활하고 친밀감을 주는 사람이었으며, 드 모르간과 허셜을 포함해서 폭넓게 친구를 사귀었다. 그래서 가까운 퀸즈 대학에 있던 불과 관계가 없었던 이유를 설명하기 어렵다. 두 사람이 접촉한 기록은, 드 모르간이 해밀턴에게 불의 책을 출판해줄 업자를 소개시켜달라고 부탁했을 때와 그 다음 해 불이 해밀턴에게 추천서를 써달라고 부탁했을 때뿐이다. 아마도 해밀턴은 불이 연구한 것과 같은 종류의 수학에 홍미가 없었던 것으로 보인다.

[6] *American Mathematical Monthly*, Nov. 1985.

케일리 Arthur Cayley

1821~1895

케일리는 1821년 8월 16일 영국 리치먼드에서 태어났다. 러시아에서 상업에 종사하고 있던 아버지Henry Cayley를 따라 상트 페테르부르크에서 8년 동안 어린 시절을 보낸 뒤 영국으로 되돌아갔다. 어린 시절에도 산술 계산에 매우 뛰어난 재주가 있었다. 1838년 케임브리지의 트리니티 대학에 입학했고, 학부 과정에서 수학을 배우면서 세 편의 논문을 당시 새로 발간된《케임브리지 수학 잡지》에 발표해서 20대 초반에 이미 수학계에서 명성을 얻었다. 1842년 졸업한 뒤 4년 동안 특별 연구원으로 케임브리지에서 가르치면서 28편의 논문을《케임브리지 수학 잡지》에 발표했다. 그러나 종신 교수직을 얻지 못했다.

케일리는 1846년 법학원에 들어갔고 1849년에는 친구 실베스터와 함께 변호사로 개업했다. 법률 관련 업무로 바쁜 시간을 보내면서도 수학 연구를 계속했고, 행렬 대수학, 추상 군론, 불변론, 비유클리드 기하학과 고차원 기하학 등에 탁월한 업적을 남겼다. 1863년 케임브리지 대학 교수가 되어 죽을 때까지 32년 동안 그 자리를 지켰다. 1863년에야 결혼했으며, 1882년에는 존스 홉킨스 대학을 방문하기도 했다.

다재 다능하고 원만한 수학자

영국의 위대한 수학자 케일리에게는 흥미로운 점을 많이 찾아볼 수 있다.

- 1842년 케일리는 21세의 나이로 케임브리지의 트리니티 대학 수학 우등 졸업 시험에서 수석을 하고 졸업했다. 그리고 같은 해 스미스 상을 주는 훨씬 더 어려운 시험에서도 일등을 했다.
- 케일리는 현대 수학의 거의 모든 주제에 대해 무려 927편의 논문을 발표했다. 그래서 오일러 다음으로 많은 글을 발표한 수학자의 자리를 코시와 다툴 정도다. 그러나 책은 단 한 권만 썼다.
- 케일리는 처음부터 수학에만 전념하지 못했다. 케임브리지 대학의 새들러 Sadler 순수 수학 교수직에 임명되기 전 14년을 법률가로 보냈다. 그러나 자신의 수학 연구가 방해받지 않도록 법률에 관한 일을 항상 절제했다. 변호사로 개업하고 있던 14년 동안 수학에 관해 논문을 약 250편 썼다.
- 케일리는 소설을 대단히 즐겼다. 여행할 때나 모임이 시작되기를 기다리면서, 그리고 짧은 시간이 나는 모든 순간에 소설을 읽었다. 영어만이 아니라, 그리스, 프랑스, 독일, 이탈리아어로 된 소설을 평생 동안 수천 권 읽었다.
- 케일리는 충실한 아마추어 등반가였는데, 원정과 등산을 위해 유럽 대륙을 자주 여행했다. 등반을 즐기는 이유가 비록 등산이 힘이 들고 피로하지만 정상을 정복했을 때 얻을 수 있는 희열은 어려운 수학 문제 또는 난해한 수학 이론을 완성시켰을 때 경험할 수 있는 기쁨과 정확히 같기 때문이라고 주장했다. 게다가, 자신이 얻고자 하는 희열은 등산으로 더 쉽게 얻을 수 있다고 말했다.
- 케일리는 역사상 가장 침착하고 가장 관대한 수학자였다. 그런데 그는 단

지 수학자만이 아니었다. 자연 애호가이기도 했다.

● 케일리는 그림, 특히 수채화에서 큰 즐거움을 얻었으며, 수채화가로서도 탁월한 재능을 보였다.

유일하게 화를 낸 기록

케일리는 매우 차분하고 평온하며 항상 조용한 사람이었다. 그가 평정을 잃은 경우가 단 한 번 있었다고 한다. 어느 날 친구 실베스터와 함께 자신의 법률 사무실에서 불변론에 대해 논의하고 있었다. 이때, 사환이 검토해야 할 법률 서류 한 다발을 들고 들어왔다. 실베스터와의 흥미로운 수학 논의 중에 나타난 이 우울한 일거리를 보자, 케일리는 무섭게 화를 냈다. 그는 사환이 들고 있던 한 묶음의 서류를 움켜쥐고는 괴성을 지르면서 바닥에 내팽개쳤다. 그리고 실베스터와 수학에 관한 대화를 계속했다.

실베스터와의 대비

오랫동안 수학 친구였던 케일리와 실베스터는 거의 모든 점에서 상반됐다. 그들이 상반되는 여러 가지 중 하나는 기억력에 관한 것이다. 케일리는 한번 보거나 읽은 모든 것을 결코 잊지 않는 것 같았지만, 앞에서 언급한 대로 실베스터는 자신이 발견한 수학적 사실을 기억하는 데도 어려움을 겪었다.

실베스터는 영국 기하학 교육의 개혁을 강력하게 주장했으며, 유클리드 기하학을 학생들이 접하지 못하도록 '낚싯봉이 바닥에 닿은 것보다도 더 깊이' 파묻고 싶다고 말한 적이 있다. 반면에, 유클리드를 대단히 존경했던 케일리는 심슨[1]의 책《유클리드》를 영국 학교 교육에 계속 사용하고 싶다고 말했다. 이 책이 순수하게 유클리드의 것이 아니라 유클리드와 심슨의 혼합이라고 그에게 일러주자, 그는 심슨의 책을 파기하고 원래의 유클리드를 직접 가르치자고 제안했다.

테이트와의 대비

케일리는 유클리드 기하학은 적극적으로 옹호했지만, 사원수의 용도를 전혀 발견하지 못했다. 사원수의 유일한 신봉자라는 호칭을 얻는 테이트는 케일리에게 사원수를 열심히 강조했지만, 케일리는 이에 전혀 동조하지 않았다.

수학의 아름다움

케일리는 1883년 과학 발전을 위한 영국 협회[2]의 회장으로 선출되어, 다음과 같이 연설했다.

> 현대 수학의 광대한 내용을 설명하기는 어렵다. '내용' 이라는 말은 적절하지 못하다. 나는 아름다운 세목으로 가득 찬 내용을 의미한다. 황량한 평지와 같이 단조로운 내용이 아니라, 먼 거리에서도 한눈에 알아볼 수 있는 아름다운 시골 길과 같은 내용이며 언덕과 계곡, 시냇물, 바위, 나무, 꽃 등으로 가득 차서 산책하고 세세하게 관찰하기에 좋은 길과 같은 내용이다. 그런데 다른 모든 것과 마찬가지로, 수학 이론에서 아름다움은 느끼는 것이지 설명되는 것은 아니다.

❶ Robert Simson(1687~1768), 스코틀랜드의 수학자
❷ British Association for the Advancement of Science

케일리의 문체

케일리가 죽은 직후, 포사이스[3]는 이 위대한 수학자와 업적에 대한 찬사를 《런던 왕립 학회 회보》[4]에 기고했다. 이 글에서 포사이스는 케일리의 문체에 대해 다음과 같이 썼다.

> 케일리는 가장 높은 수준의 일반화에 도달하면, 이를 어떤 방법으로 직접 증명했다. 그렇지만 그 결과를 처음에 얻은 실마리를 좀처럼 제시하지 않았다. 그래서 그의 논문을 읽기가 쉽지 않은 경우가 많이 있다. …
>
> 그의 문체는 직설적이고 간결하며 명확하다. 그는 법률 교육으로부터 문장 정리 방법뿐만 아니라 표현 방법도 영향을 받았다. 이에 따라 그의 논문은 엄격해서, 실베스터의 많은 논문에서 발견되는 열정적이고 화려한 문체와 기묘한 대조를 이룬다.

케일리에 대한 찬사

케일리가 죽은 직후, 에르미트는 프랑스 과학원 《보고서》에 기고한 글에서 다음과 같이 썼다.

> 케일리의 수학 재능을 극도로 우아한 분석적 형식과 명확성이라는 특성으로 설명할 수 있다. 이는 견줄 바 없는 연구 능력으로 한층 더 보강되는데, 이런 능력 때문에 그는 코시와 비견되는 뛰어난 학자로 평가된다.

[3] Andrew Russell Forsyth(1858~1942), 영국의 수학자

[4] *The Proceedings of the London Royal Society*, 제58권, 1895

에르미트 Charles Hermite

1822~1901

에르미트는 1822년 12월 24일 프랑스 로렌 지방의 작은 마을 뒤즈Dieuze에서 태어났다. 1829년경 포목상을 하던 아버지Ferdinand Hermite의 사업 때문에 낭시로 이사 가서, 그곳에서 어린 시절을 보냈다. 파리로 다시 가서 앙리 4세 리세College Henri IV를 다니다가 1840~41년에는 루이르그랑 리세에서 공부했다. 1842년 에콜 폴리테크니크에 입학해서 1년을 다니고 고등 광업 학교로 옮겨서 1847년 학사 학위를 받았다. 그 뒤 에콜 폴리테크니크에서 1848년에 개인 지도 교수repetiteur와 입학 시험관, 1862년에 강사, 1869년에 뒤아멜[1]의 후임으로 해석학 교수가 되어 1876년까지 가르쳤다. 1856년에 프랑스 과학원 회원이 됐고, 1869년부터 소르본 대학 교수를 겸했는데, 이 대학에서는 1897년에 은퇴할 때까지 가르쳤다.

에르미트는 많은 글을 남기지는 않았지만, 그의 논문 대부분은 매우 중요한 문제들을 다루었고 그가 이용한 방법들은 고도의 독창성과 폭넓은 유용성을 보여주었다. 피카르가 편집한 그의 논문집은 네 권의 책으로 이루어져 있다. 그는 1858년 타원 함수들을 이용한 일반적인 오차 방정식의 해법과 1873년 e의 초월성에 대한 증명으로 대단히 큰 관심을 끌었다. 오차 방정식에 관

[1] Jean Marie Constant Duhamel(1797~1872), 에콜 폴리테크니크에서 공부하고 1830년에 모교의 교수가 됐다.

한 에르미트의 발견은 나중에 푸크스 함수들을 이용해서 일반적인 n차 방정식의 근을 계수들로 표현할 수 있다는 사실을 얻게 했으며, 그가 e의 초월성을 증명하는 데 사용한 방법은 1882년 린데만이 π가 초월수라는 사실을 증명할 때 사용했다.

신체 장애

인류는 언제나 질병과 신체적 장애로 괴로움을 당하고 있는데, 수학자라고 해서 예외일 수는 없다. 손더슨❷은 2세 때부터 눈이 멀었고, 오일러는 인생 후반기를 장님으로 보냈으며, 클리포드와 아벨은 결핵으로 요절했다. 그리고 힐베르트❸는 악성 빈혈로 고통을 당했다. 이 목록을 더 연장할 수 있다.

손더슨

에르미트는 태어날 때부터 오른 다리가 기형이었다. 그래서 평생 절름발이였고, 지팡이에 의지해서 걸었다. 신체 장애는 성격을 쉽게 망칠 수 있다. 그렇지만 에르미트의 경우는 달랐다. 언제나 상냥했으며, 그를 아는 모든 사람으로부터 사랑을 받았다.

에르미트가 신체 장애 때문에 얻은 한 가지 좋은 점은 군 복무를 면제받았다는 사실일 것이다. 그렇지만 한 가지 나쁜 점은 에콜 폴리테크니크에서 1년 동안 공부한 뒤 더 이상 다닐 수 없었다는 사실이다. 이유는 이 학교를 졸업한 학생이 얻을 수 있는 직업은 절름발이에게 적합하지 않다고 학교 당국이 생각했기 때문이다. 영향력 있는 사람들의 도움으로 그 결정은 번복됐다.

❷ Nicolas Saunderson(1682~1739), 케임브리지 대학에서 루카스의 수학 교수를 지냈으며, 뉴턴의 방법을 당대의 수학자들에게 알리는 데 크게 공헌했다.

❸ David Hilbert(1862~1943), 독일의 수학자로 괴팅겐 대학 수학 교수를 지냈다.

그러나 에르미트는 그 학교가 제시한 엄격한 재입학 조건을 거부했고, 다른 학교로 전학했다.

리샤르의 두 제자

에르미트와 갈루아는 루이르그랑 리세 동창생으로 학교에 잘 적응하지 못했으며, 고등 수학 연구에 빠져서 초등 수학에 매우 무관심했다. 이에 따라 이들은 모든 학교 시험에서 계속해서 실패했다. 이 학교 교사 리샤르는 갈루아를 구제하려고 노력했지만 실패했다. 15년 뒤 에르미트를 구제하려고 했는데, 이번에는 다행스럽게도 성공했다. 시험을 싫어하는 사람은 에르미트와 갈루아를 동정할 것이며, 탁월한 이 두 수학자의 경력은 학생의 지적 능력을 재는 척도로서 시험을 옹호하는 사람들에게 의혹을 심어줄 것이다.

에르미트는 루이르그랑 리세를 다니는 동안 두 편의 논문을 썼는데, 그 중 하나는 내용이 매우 뛰어났기 때문에 《수학 신 연감Nouvelles annales de mathématiques》에 실렸다. 이 잡지는 고등 교육 기관 학생들의 관심사를 다루고 있었다. 리샤르는 에르미트의 아버지에게 에르미트를 '어린 라그랑주'라고 말했다.

에르미트는 1년 동안 준비해서 1842년 에콜 폴리테크니크의 입학 시험에 응시했다. 그는 분명히 일부 시험관보다도 월등한 수학 실력을 갖고 있었지만, 입학 요구 조건을 겨우 충족시켜 68등으로 합격하는 수치스러운 경험을 겪었다. 그런 그가 1848년 에콜 폴리테크니크에서 처음 맡은 직책은 입학 시험관이었다.

유전 법칙의 변화

많은 수학자가 스승의 딸과 결혼했다. 이에 따라 수학계에서는 "수학 능력은 아버지로부터 아들로 유전되는 것이 아니라, 장인으로부터 사위로 유전된다."는 특이한 유전 법칙이 있다. 실제로 에르미트의 한 딸은 그의 제자인 수학자 피카르와 결혼했다.

그런데 에르미트 본인은 이런 법칙에 약간의 변화를 주었다. 그는 스승의 딸이 아니라 여동생과 결혼했다. 1848년 에르미트는 동갑내기 스승 베르트랑❹의 여동생 루이즈Louise와 결혼했다.

개종

에르미트는 젊었을 때 당시 프랑스의 많은 과학자와 같이 열렬한 불가지론자였다. 그런데 1856년 갑자기 심각한 수두에 걸렸다. 코시는 에르미트가 쇠약한 상태에 있었을 때, 그를 위로해 주었다. 그리고 그 젊은이의 종교에 대한 개방적인 견해를 유감으로 생각하면서 열심히 설득해서 로마 가톨릭으로 개종시켰다. 에르미트는 여생을 천명에 만족하는 열렬한 가톨릭 신자로 살았다.

플라톤주의

수학적 존재성에 대한 모든 문제는 격렬한 논쟁의 대상이다. 예를 들면, 수학적 실체와 그 성질은 수학의 영원한 이상향에 이미 존재하고 있으며, 우리는 그곳을 헤매다가 우연히 그것을 발견하는 것일까? 이상향에서는 삼각

❹ Joseph Louis François Bertrand(1822~1900), 신동이었던 베르트랑은 11세 때 에콜 폴리테크니크에 비공식으로 입학했고, 1839년에 박사 학위를 받았다. 1841년에 고등 광업 학교 교수가 됐는데, 이때 에르미트를 가르친 것으로 보인다. 1844년에 에콜 폴리테크니크의 개인 지도 교수, 1856년에 스튀름의 후임으로 교수가 됐다. 1852년부터 에콜 노르말 쉬페리외리, 1862년부터 콜레주드프랑스에서 가르쳤다.

조제프 베르트랑의 아버지(Alexandre Jacques François Bertrand)는 에콜 폴리테크니크를 다닐 때 뒤아멜과 친했는데, 뒤아멜은 조제프 베르트랑의 고모와 결혼했다. 베르트랑이 9세 때 아버지가 죽었는데, 그 뒤 그는 고모 부부와 함께 살았다.

형의 중선들은 과거와 마찬가지로 현재도 각 중선을 삼등분한 점에서 항상 교차하는데, 아마도 아주 오래 전에 어떤 사람이 이상향을 방황하다가 이미 존재하던 삼각형의 중선들의 성질을 우연히 발견했다. 이상향에서는 기하학적 도형들의 다른 많은 놀라운 성질이 항상 존재하고 있었지만, 아무도 아직까지 발견하지 못했으며 가까운 장래에도 발견되지 않을 수 있다. 이상향에서는 자연수와 이에 대한 많은 훌륭한 성질이 과거와 마찬가지로 현재도 여전히 존재하고 있지만, 이런 성질은 이상향을 방황하는 어떤 사람이 우연히 발견하는 경우에만 인간의 현실 세계에 존재하게 된다.

피타고라스는 수학적 존재에 대해 이런 생각을 견지했으며, 그 이후의 많은 수학자도 이런 견해를 갖고 있다. 수학에 대한 이런 철학적 견해를 플라톤주의라고 한다. 에르미트는 수학적 존재의 이상향을 확고하게 믿었다. 그에게 수와 이에 대한 아름다운 성질들은 이미 스스로 존재하고 있었으며, 어떤 수학의 콜럼버스가 이상향을 방황하다가 우연히 이런 성질을 알아내고는 세상에 그의 발견을 공표한다고 생각했다.

국제주의

에르미트는 인정을 받기 위해 노력하는 젊은이를 매우 관대하게 대했다. 그리고 편협한 민족주의와 국수주의 때문에 다른 민족이나 국가의 수학·과학적 성취를 헐뜯지 않았다. 그는 열렬한 프랑스 애국자였지만, 그에게 수학과 과학은 민족적이거나 종교적인 경계가 없는 단지 수학과 과학일 뿐이었다.

프로이센·프랑스 전쟁[5]이 끝나고 두 나라 사이가 좋지 않았던 1873년,

[5] Franco-Prussian War(1870~71). 에스파냐 왕위 계승 문제로 프로이센의 억지 주장에 분개한 나폴레옹 3세가 비스마르크의 술책에 넘어가 전쟁을 일으켰다가 완패했다.

미타그-레플러는 에르미트로부터 해석학을 배우기 위해 모든 준비를 갖추고 스톡홀름에서 파리로 갔다. 에르미트는 이렇게 찾아온 그에게 다음과 같이 말했다. “자네는 잘못 생각했네. 자네는 베를린 대학의 바이어슈트라스 교수에게 배워야 했네. 그는 우리 모두의 스승이기 때문이지.” 그는 이처럼 도량이 넓은 프랑스인 에르미트의 충고를 받아들였다.

크로네커 Leopold Kronecker

1823~1891

크로네커는 1823년 12월 7일 리그니츠(현재 폴란드의 레그니차)에서 유복한 유대 사업가Isidor Kronecker의 아들로 태어났고, 일찍부터 수학적인 재능을 인정받았다. 유능한 개인 교사의 지도를 받다가 리그니츠 김나지움에 입학해서 쿠머에게 수학을 배웠고, 1841년 베를린 대학에 입학해서 디리클레와 슈타이너에게 배웠다. 그 뒤 본 대학을 거쳐 브레슬라우 대학으로 옮겼는데, 이곳에서도 쿠머 밑에서 공부했으며 그의 영향을 가장 많이 받았다. 1845년 베를린 대학에서 디리클레의 지도로 대수적 수 체에 나타나는 특수한 복합 단위체에 관한 논문으로 학위를 받았다.

크로네커는 외삼촌으로부터 많은 재산을 상속받았는데, 실레지아로 돌아가서 은행가로 부를 축적했다. 1855년 다시 베를린 대학으로 가서 연구에 몰두했는데, 1855년에 이 대학으로 옮긴 쿠머 및 1856년에 부임한 바이어슈트라스와 환상의 팀을 이루어 베를린 대학 수학과를 반석 위에 올려놓았다. 1861년에는 베를린 과학원 회원으로 선출됐는데, 회원 자격으로 베를린 대학에서 강의도 할 수 있었다. 리만이 죽은 1866년에 괴팅겐 대학으로부터 교수직을 제의 받았지만, 베를린에서 과학원 회원으로 누리던 자유를 포기하지 않으려고 이를 거부했다. 그리고 은퇴한 쿠머의 뒤를 이어 1883년에야 베를린 대학 교수가 됐다.

금융업과 수학

독일의 저명한 수학자 크로네커와 미국의 유명한 금융업자 모건[1]은 어떤 점에서 서로 대비됐다. 크로네커는 훌륭한 사업가였는데 30세가 되기 전에 이미 상당히 많은 재산을 모았다. 반면에 모건은 독일에서 공부할 때 수학에서 특출한 재능을 보였기 때문에, 교수들은 수학 연구를 계속하도록 독려했고 독일에서 대학 교수직을 제의하기조차 했다.

수학의 매력

크로네커는 수론을 연구하는 수학자는 망우수 열매totus[2]를 먹은 사람과 같다고 말했다. 이 과일을 한 번 맛본 사람은 이를 결코 잊을 수 없다.

유한론자

크로네커는 자주 인용되는 다음과 같은 말을 남겼다. "신은 자연수를 만들었고, 나머지 모든 것은 인간의 작품이다."[3] 그는 고집스런 유한론자로 모든 수학을 오직 정수와 유한 번의 단계로 구성된 논법으로 환원시킬 수 있다고 믿었으며, 수학을 유한 수와 유한 개의 연산만으로 다루어야 한다고 생각했다.

크로네커는 비구성적인 존재성 증명에 의혹을 던진 최초의 사람이었다. 1870년대 초부터 무리수, 상극한과 하극한, 비구성적인 볼차노 · 바이어슈트라스의 정리 등의 사용에 반대했으며, 초월수는 존재할 수 없다고 주장했다.

❶ John Pierpont Morgan(1837~1913), 클라인이 모건을 괴팅겐 대학 수학과의 박사 학위 후보생으로 받아들였다. 공부가 끝난 뒤, 힐베르트는 그에게 금융 업무를 하라고 권고했다는 말도 있다.

❷ 망우수 열매를 먹으면 황홀경에 빠져 속세의 시름을 잊는다고 함.

❸ Die ganzen Zahlen hat Gott gemacht, alles andere ist Menschenwerk.

하이네[4]가 1870년에 《크렐레의 잡지》에 발표한 논문 〈삼각 급수에 대해〉를 철회하게 하려고 시도했다. 또, 1877년에는 칸토어의 논문이 《크렐레의 잡지》에 게재되지 않게 하려고 노력했다. 이는 칸토어에 대한 개인적인 감정 때문이 아니라 그의 논문이 의미 없다고 믿었기 때문이다. 그 논문은 자신이 존재하지 않는다고 믿은 수학적 대상에 관한 결과를 증명했다.

원주율 π가 초월수임을 증명한 린데만이 이에 대해 1886년에 강연했을 때, 크로네커는 아름다운 증명이라고 린데만을 칭찬했다. 그러나 초월수가 존재하지 않기 때문에, 린데만은 아무것도 증명한 것이 없다고 주장했다.

인명 목록

하세[5]는 책 《수론 강의 Vorlesungen uber Zahlentheorie, 1950》의 인명 목록에 1쪽에서 언급된 '신'을 삽입했다. 1쪽에는 크로네커의 유명한 말 "신은 자연수를 만들었고, 나머지 모든 것은 인간의 작품이다."가 인용되어 있었다.

1953년 이 책의 러시아 번역본이 모스크바에서 출판됐는데, 번역본에는 첫째 문장이 삭제되어 있었다. 하세가 1963년 모스크바를 방문했을 때, 러시아의 외국 문헌 편집국이 그 문장을 용납하지 않았다는 대답을 들었다.

평가

바이어슈트라스는 다음과 같이 썼다. "크로네커는 쿠머와 다르다. 그는 새로운 모든 것을 매우 빠르게 익히는데, 개념을 쉽게 이해하는 능력 때문에 그렇게 할 수 있다. 그렇지만 깊숙이 파고들지는 않는다." 프로베니우스[6]에 따

[4] Heinrich Eduard Heine(1821~1881), 독일의 수학자로 가우스와 디리클레의 지도를 받았다. 하이네 · 보렐의 정리로 기억되고 있다.

[5] Helmut Hasse(1898~1979), 독일의 수학자

르면, 크로네커는 그가 추구한 각 수학 영역에서 최고에 이르지는 못했다. "그는 해석학에서 코시와 야코비보다, 함수 이론에서 리만과 바이어슈트라스보다, 산술에서 쿠머와 디리클레보다, 대수학에서 갈루아보다 열등하다."

프로베니우스

이럴 수 있겠지만, 크로네커는 분명히 19세기의 가장 창의적인 수학자에 속한다. 그가 주장한 구성주의는 브로우베르가 채택했고, 전자 계산기가 확산된 뒤에 그가 열정적으로 제기한 문제점 중 일부가 새로운 관심사로 떠올랐다.

독일의 유대인

독일에서 유대인은 시민으로의 권리를 매우 서서히 획득했다. 유대인의 해방은 거의 한 세기에 걸쳐서 서서히 이루어졌으며, 이에 대한 반대도 엄청났었다. 다른 기독교 국가에서와 마찬가지로 독일의 유대인은 두 가지 극단적인 위치 중에서 하나를 선택해야 했다. 하나는 분리된 유대 공동체의 일부로 남는 것이고, 다른 하나는 주변의 이방인 공동체에 기능한 한 깊숙이 흡수되는 길을 찾는 것이었다. 독일에서 유대인들의 전반적인 추세는 그들의 독특한 정체성을 일부 잃는 대가를 치르면서 독일 사회에 통합되는 것이었다. 예를 들면, 야코비와 크로네커가 이런 과정을 택했다. 점차로 유대인은 다른 시민들과 같은 정도의 지위를 확보했는데, 최종적으로 1871년 4월 독일 제국의 헌법을 통해 공고하게 됐다.

그 뒤 60년 동안은 이런 상황이 유지됐는데, 나치는 권력을 잡자마자 특별히 유대인을 겨냥한 인종 정책을 도입했다.

❻ Ferdinand Georg Frobenius(1849~1917), 독일의 수학자로, 대수학의 추상화와 군론의 발전에 기여했다.

리만 Georg Friedrich Bernhard Riemann

1826~1866

리만은 1826년 9월 17일 하노버의 브레젤렌츠Breselenz에서 성직자의 아들로 태어났다. 아버지Friedrich Bernhard Riemann의 뜻에 따라 1846년 괴팅겐 대학의 신학부에 입학했지만, 수학에 대한 관심이 매우 컸기 때문에 전과를 요청해서 허락을 받았다. 1년 뒤부터 베를린 대학에서 디리클레, 야코비, 슈타이너, 아이젠슈타인의 강의를 들었다. 특히, 아이젠슈타인의 과목을 많이 수강했는데, 타원 함수론에서 복소수의 용도에 대해 배우기도 했다. 1849년 괴팅겐 대학으로 돌아가 1851년 박사 학위를 취득했다. 박사 학위 논문에 코시 · 리만 방정식과 리만 곡면의 개념이 등장했다. 1853년에 '리만 적분'을 정립한 논문을 발표했으며, 대학 교수 자격 취득 강의 〈기하학의 기초를 이루는 가설에 관해〉[1]를 통해 기하학을 혁신했다.

리만은 괴팅겐 대학 수학과에서 1854년 무급 강사와 1857년 조교수를 거쳐, 1859년에 디리클레가 병사하자 정교수로 승진했다. 1860년 파리에 가서 에르미트를 알게 됐지만 폐결핵 때문에 괴팅겐으로 돌아갔다. 1862년 병이 재발했고, 이탈리아의 아조레 호반에서 요양하다가 1866년 7월 20일 그곳에서 죽었다.

[1] Über die Hypothesen welche der Geometrie zu Grunde liegen

가족

어린 시절 리만의 가장 큰 즐거움의 하나는 부모와 형제 및 자매를 위해 작은 기념품을 만들거나 사주는 것이었다. 그는 14세 때 부모에게 만년력을 선물한 적이 있었는데, 이 만년력은 그가 독창적으로 발명한 것으로 모든 사람을 깜짝 놀라게 만들었다.

리만은 어린 시절에 건강 상태가 좋지 않았다. 그의 가족은 모두 질병과 급작스러운 죽음을 두려워했는데, 실제로 어머니Charlotte Ebell는 그가 20세 때 죽었고, 2남 4녀의 형제자매 중에서 남자 형제와 세 여형제도 그 뒤에 곧 죽었다.

총명한 학생

리만은 아주 어렸을 때부터 놀라운 계산 능력이 있었는데, 6세 때는 산술 문제를 풀 수 있었다. 그는 10세 때까지 아버지로부터 배웠는데, 14세 때 하노버에 있는 김나지움의 상급 학년에 들어갔고, 2년 뒤에 집에서 가까운 뤼네베르크Lüneberg에 있는 김나지움으로 전학해서 19세 때까지 공부했다.

리만은 뤼네베르크 김나지움에 다닐 때 수학에서 매우 뛰어났기 때문에, 수학 교사는 수학 수업 중에 그가 원하는 어떠한 공부도 허락했다. 그 교사는 유능한 수학자였는데, 리만이 학교에서 가르치는 모든 수학을 이미 습득하고 있음을 알고 있었다.

그리고 뤼네베르크 김나지움의 교장은 리만에게 자신의 개인 서재를 이용할 수 있게 했다. 그곳에는 수론에 관한 르장드르의 고등 수학 책이 있었는데, 리만은 900쪽에 달하는 엄밀한 추론을 6일만에 완전히 습득했다.

완벽주의자

리만은 고등학교의 모든 과목에서 대단히 뛰어났으며, 누구도 따를 수 없을 만큼 부지런했다. 그렇지만 완벽주의자였기 때문에 중요한 과제물을 제시간에 제출하는 일이 거의 없었다. 엄격한 기숙사 사감은 그가 빈둥거리지 못하도록 옆에서 감시했지만 그래도 과제물 제출이 늦었다. 리만은 자신이 작성한 보고서에 쉽게 만족하지 못했고, 보고서를 한 장 한 장 찢어버리고는 처음부터 다시 시작했다. 이에 따라 수시로 벌을 받았고, 자주 학교 감방에 감금되어 과제물을 완성해야 했다. 결국 그는 이렇게 감금된 동안에 거의 완벽한 보고서를 완성했으며, 항상 최고의 성적을 얻었다.

리만은 나중에도 완벽을 기하기 위해 느리지만 끈질기게 노력하는 모습을 보였다. 스스로 만족할 만한 박사 학위 논문을 완성하기 위해 대단히 긴 시간을 들였다. 그 결과로 괴팅겐 대학에서 정교수로 승진하는 데도 역시 오랜 시간이 걸렸다.

대학 교수 자격 취득 강의

리만에 관한 가장 흥미로운 이야기 중 하나는 그의 대학 교수 자격 취득 강의와 관련된 일화이다. 그는 전통에 따라서 세 가지 강의 제목을 제출했는데, 교수들이 이 중에서 하나를 선택했다. 교수들이 일반적으로 제출된 제목 중에서 첫째 또는 기껏해야 둘째 것을 선택하리라고 예상한 리만은 가능성 있는 주제에 대해서만 열심히 준비했고, 셋째 주제에 대해서는 거의 시간을 할애하지 않았다. 사실, 거의 신경 쓰지도 않고 셋째 제목을 제출했었다.

그런데 셋째 강의 제목을 〈기하학의 기초를 이루는 가설에 관해〉였는데, 이것은 가우스가 60년 이상 동안 숙고한 주제였다. 가우스는 재기에 넘치는 젊은 리만이 이 주제에 대해 발표할 내용에 매우 호기심이 나서 리만의 강의 주제로 이것을 선택했다. 그래서 리만은 정신 없이 11시간 동안 강의 논문을 준비해서 괴팅겐 대학 교수들 앞에서, 이에 따라 세계 앞에서 셋째 주제에 대해 발표했다. 나중에 '리만 비유클리드 기하학'으로 불리게 된 주제에 관한 그 강의는 수학 내용과 발표 두 부분 모두에서 걸작으로 밝혀졌다. 강의 논문은 기하학 연구를 혁신시켰는데, 전체 수학사에서 이와 비슷한 길이를 가진 논문 중에서 가장 풍부한 내용을 담고 있을 것이다. 리만은 강의에 참석한 비전문가의 사기를 저하시키지 않기 위해 까다로운 전문적이고 지엽적인 내용을 뺐지만, 이 논문은 새롭고 고도로 효율적인 개념을 대단히 많이 제시했다. 이런 개념들은 그 뒤 여러 해 동안 연구자들의 관심을 끌었다.

리만은 강의를 마무리하는 자리에서 이렇게 명백하게 가치 없는 주제에 대해 강연한 것을 사과했다. 그러나 비유클리드 기하학에 관한 이런 고찰이 아마도 선입견으로부터 우리를 해방시켜줄 수 있을 것이며, 물리 법칙들의 탐구가 유클리드 기하학 이외의 어떤 기하학을 필요로 하는 시기가 언젠가 도래할 것이라고 말했다. 이렇게 예언적인 말은 그가 죽고 약 50년이 지난 뒤 아인슈타인의 일반 상대성 이론을 통해 실제로 구현됐다.

지적인 무게

다른 사람 앞에서 매우 수줍어하지만 창조적인 사고에서는 매우 대범한 사람이 많이 있다. 리만이 바로 그런 사람이었는데, 그는 일상 생활에서는 수줍음을 많이 타고 겁이 많으며 내성적이었지만, 과학 활동에서는 매우 대담하고 용기가 있었으며 강력했다.

리만은 겨우 15년 동안 연구 활동을 했지만, 수학의 거의 모든 분야에 엄청나게 공헌했다. 그리고 상대적으로 적은 글을 썼지만, 그의 연구 가치는 새로운 발상과 풍요로운 개념을 대단히 많이 담고 있다는 데 있다. 이는 수학뿐만 아니라 역학을 포함한 물리학과 자연 과학 전체의 또 다른 발달과 중요한 연구를 대단히 많이 유도했다.

란크초스❷는 훌륭한 책 《시대를 통한 공간Space Through the Ages》에서 다음과 같이 리만 연구의 가치를 잘 표현했다. "리만의 논문집은 겨우 538쪽에 불과한 단 한 권으로 이루어져 있지만 그 책을 지적으로 측정한다면 몇 톤의 무게에 이른다." 그리고 가우스와 리만의 뛰어난 업적을 소개하면서 다음과 같이 말했다. "천재는 막전❸과 같이 단 하나의 통찰력으로 풍경을 밝게 비춘다. 그러면 기술자들이 몰려들어 그 지역을 살기에 적합한 장소로 개발한다."

리만의 가설

수학에서 가장 중요한 미해결 문제로 '리만의 가설' 이 있다. 리만이 처음으로 공식화한 이 문제는 세계에서 가장 뛰어난 많은 수학자가 증명(또는 반증)을 시도했지만 실패했다. 이야기는 18세기로 거슬러 올라가 현재 '소수 정리' 라고 부르는 명제를 스위스 수학자 오일러가 증명하려는 시도로부터 시작된다. 오일러는 1740년경 '제타 함수' 를 도입했는데, 이것은 1보다 큰 실수 s에 대해 다음의 무한 합으로 정의되는 함수이다.

$$\text{Zeta}(s)=1+\frac{1}{2^s}+\frac{1}{3^s}+\cdots$$

오일러는 이상하게 보이는 이 함수가 소수와 밀접한 관계가 있음을 밝혔으며, 이에 따라 소수와 무한대 사이의 명확한 관계를 시사했다.

❷ Cornelius Lanczos(1893~1974), 헝가리의 수학자.

❸ 幕電(sheet lightning), 번갯불이 구름에 반사되어 하늘 전체가 환하게 밝아지는 현상

리만은 1859년 〈주어진 크기보다 작은 소수의 개수에 대해〉라는 논문에서 제타 함수의 정의역을 1보다 큰 실수에서 모든 복소수로 확장함으로써 제타 함수에 관한 문제를 한 단계 더 끌어올렸다. 제타 함수를 오늘날 '리만 제타 함수'라고 부른다. 제타 함수는 여러 가지 면에서 소수와 관계가 있다. 하나의 관계는 다음 방정식의 해와 관련이 있다.

$$\mathrm{Zeta}(s) = 0$$

리만은 자신이 계산한 모든 해가 똑같은 꼴임을 관찰했다. 즉, 모든 해는 음수의 제곱근(즉 허수)에 정확히 $\frac{1}{2}$을 더해서 얻은 복소수였다. 그는 모든 해가 이런 꼴일 것이라는 가설을 제시했다. 이것이 바로 '리만의 가설'이다. 현재까지 약 15억 개의 해를 계산했는데, 모든 해는 리만이 예견한 꼴이었다. 그렇지만 모든 경우에 대한 증명은 아직도 등장하지 않고 있다.

"리만은 아무것도 증명하지 않았다"

증명은 수학의 주요한 활동 중 하나이며, 증명 없는 수학을 상상하기 어렵다. 그런데 스탠퍼드 대학의 오서만Robert Osserman 교수는 "결국, 리만은 아무것도 증명하지 않았다."라는 말을 들었다고 한다. 오서만은 다음과 같이 설명했다.

> 분명히, 리만이 아무것도 증명하지 않았다는 말은 글자 그대로 옳지는 않지만, 그의 명성이 그가 증명한 것보다 오히려 그의 다른 공헌으로부터 왔다는 말은 진실이다. 나는 그의 공헌을 몇 가지 범주로 나누겠다. 첫째 범주는 추측으로 이루어지는데, 제타 함수의 영점에 관한 리만의 가설이 가장 유명하다. 둘째 범주는 많은 정의로 이루어지는데, 리만 적분, ('해석적인' 식을 통해서가 아니라 오히려) 코시 · 리만 방정식을 이

용한 해석 함수의 정의, 리만 기하학에서 리만 곡률 텐서와 단면 곡률과 같은 정의가 있다. 셋째 범주는 둘째 범주와 관계가 있지만 약간 다른데, 새로운 개념들로 이루어진다. 리만 곡면과 리만 다양체가 바로 그런 것인데, 기본적인 개념들을 근본적으로 다시 생각하도록 한다. 확장된 복소 평면이나 리만 구면과 대수적 곡선의 기본적인 개념도 또한 새로운 것으로 그런 역할을 한다. 넷째 범주는 중요하고 새로운 예의 구성으로 이루어지는데, 예를 들면 리만의 완전히 주기적인 묻힌 극소 곡면, 현재 쌍곡선 공간이라 부르는 것, 리만이 명확하게 기록했지만 '푸앵카레 거리'라 부르는 거리 등이 있다. 그리고 마지막으로 리만 사상 정리가 있는데, 이것의 일반성은 대단히 놀랍고 깊은 통찰력을 요구하지만 이에 대해 리만이 제시한 증명은 결함이 있었고 오랜 세월이 흐른 뒤에야 완전히 확립됐다. 아마도 이 모든 범주를 리만은 심오한 수학적 통찰력을 가진 사색가로서 그의 통찰력은 수학의 미래에 커다란 영향을 끼쳤다고 말함으로써 종합할 수 있을 것이다.

많은 독자는 리만의 이런 모든 공헌에 대해 들어보지 못했을 것이다. 그러나 이 예는 다음과 같은 구호를 논박하기에 충분하다. "수학자는 정리를 증명하는 사람이다." "증명 없는 수학은 아무것도 아니다."❹

❹ 로이벤 허시 저/ 허민 역, 《도대체 수학이란 무엇인가?》, 경문사, 2003, pp. 86-87.

테이트 Peter Guthrie Tait

1831~1901

테이트는 1831년 4월 28일 스코틀랜드 달케이스Dalkeith에서 태어났다. 6세 때 아버지John Tait를 잃고, 에든버러의 은행가인 외삼촌John Ronaldson과 함께 살았다. 과학에도 관심이 컸던 외삼촌으로부터 큰 영향을 받았다. 1847년 에든버러 대학에 입학했다가 1848년에 케임브리지의 피터하우스Peterhouse로 옮겼다. 수학 우등 졸업 시험에서 일등, 스미스 상에서도 일등을 하고 1852년에 졸업했다. 특별 연구원을 거쳐 1854년 퀸스 대학 수학 교수가 됐으며, 1860년부터는 여생을 에든버러 대학의 자연 철학 교수를 지냈다.

테이트는 1853년에 해밀턴의 사원수를 알고 이에 대해 연구했고 이의 물리학 응용에 크게 공헌했는데, 사원수의 유일한 신봉자라는 말이 있다. 나중에 기브스와 헤비사이드 등에 의한 벡터 기법의 확립에 영향을 주었다.

19세기 스코틀랜드 수학의 많은 부분은 에든버러 대학의 매우 유능한 몇 명의 대가로부터 나타났다. 이 중에는 테이트와 대수학의 대가 크리스털❶이 있다.

❶ George Chrystal(1851~1911), 에버딘 대학에서 수학과 물리학을 전공하고, 1871년 졸업한 뒤 케임브리지로 가서 스토크스와 맥스웰의 지도로 공부를 계속했다. 1877년 세인트 앤드루스 대학의 수학 교수가 됐고, 1879년에는 에든버러 대학 수학 교수가 되어 여생을 보냈다. 대수학을 연구했으며 스코틀랜드의 교육 개혁을 위해 진력했다.

수학도의 오명을 씻다

테이트는 케임브리지 대학생이었을 때 수학자들이 성서 지식이 결코 뛰어나지 못하다는 놀림을 받았다고 한다. 그래서 테이트와 수학과의 동료 학생은 이런 오명을 씻기로 결심했다. 그래서 두 학생은 2년 동안 연속해서 교대로 성서 과목에서 일등을 차지했다.

맥스웰과의 관계

테이트는 10세 때인 1841년 에든버러 아카데미에 입학했다. 당시 같은 학교를 다닌 맥스웰[2]은 한 학년 위였지만, 테이트보다 오히려 두 달 뒤에 태어났다. 테이트는 4년째부터 수학에 빠졌고 월등한 실력을 뽐냈다. 1846년 이 아카데미의 수학 부분에서 1등을 했고, 맥스웰은 3등을 했다. 다음 해에는 맥스웰이 1등, 테이트가 2등이었다.

1847년에 테이트와 맥스웰은 동시에 에든버러 대학에 입학했다. 테이트는 1848년 케임브리지의 피터하우스 대학으로 옮겼고, 맥스웰도 1850년 피터하우스로 갔다가 트리니티로 또다시 옮겼다. 1859년 에든버러 대학의 교수직을 두고 두 사람이 경쟁했는데, 맥스웰의 뛰어난 업적에도 불구하고 테이트가 최종적으로 승리했다. 그 이유는 테이트가 학생 지도면에서 더 뛰어나다고 평가를 받았기 때문이었다.

T and T′

테이트는 학교 친구 맥스웰을 $\frac{dp}{dt}$라고 불렀다. 왜냐하면 열역학에서 관

[2] James Clerk Maxwell(1831~1897), 영국의 물리학자

계식 $\frac{dp}{dt}$=JCM이 성립하고 맥스웰 이름의 머릿글자를 따면 JCM이기 때문이었다. 여기에서 C는 카르노의 함수를 나타낸다.

이에 대해 맥스웰은 톰슨❸을 T, 테이트를 T′으로 나타내어, 톰슨과 테이트의 유명한 공저 《자연 철학 원론(1867)》을 T and T′이라고 불렀다. 이는 T and T로도 불렸는데, 당시 에든버러 대학에서 T and T는 '지옥에 대한 학생들의 최초의 감지The Student's First Glimpse of Hades'로 더 잘 알려져 있었다고 한다.

보수주의자

테이트는 매우 보수적이었으며, 대학 개혁에 계속해서 반대했다. 학생들이 자신의 과목을 수강할 때 그 과목에 대해서 아는 것이 적으면 적을수록 잊어야 할 것이 적을 것이라고 익살스럽게 말했다.

우스운 이야기로, 테이트는 학생들이 자신이 시행하고 있던 실험 현장에 너무 가까이 접근하자, 그는 그들에게 호스로 물을 뿜어버렸다.

스티븐슨❹이 젠킨Fleeming Jenkin에 대한 전기적인 논문을 발표했을 때, 테이트는 과학자에 대한 전기는 과학자가 써야 한다고 주장하면서 그 논문을 장황하게 비판했다고 한다. 이에 대해 과학자는 과학자에 대해 이야기할 거리가 있는 유일한 사람이지만 또한 그것에 대해 말할 수 없는 유일한 사람이라는 지적도 있다.

❸ William Thomson(1824~1907), 톰슨(켈빈 남작),영국의 수학자로 1846년부터 글래스고 대학 자연 철학 교수로 53년 재직했으며, 해저통신의 공로로 1892년 남작의 작위를 받았다(Lord Kelvin). 1848년 열역학 온도 눈금을 제안했고, 이에 따라 오늘날 국제 단위로 사용되고 있는 절대 온도의 단위 '켈빈'에 그의 이름이 남게 됐다.

❹ Robert Louis Stevenson(1850~1894), 스코틀랜드 출신의 소설가 · 수필가 · 시인

테이트의 나침반

테이트는 색다른 종류의 매우 우수한 방위 나침반을 발명한 적이 있다. 그 나침반은 큰 인기를 끌었고, '테이트의 나침반' 이라고 불렸다. 그 나침반은 선원, 사냥꾼, 측량가, 군인 등이 널리 사용했다. 그런데 어느 날, 어떤 이상하고 결코 설명할 수 없는 천문학상의 사건으로 인해서, 어쩌면 태양 흑점의 과도한 활동으로 인해서 세계에 있던 모든 테이트의 나침반이 동시에 난폭해져 버렸다. 선원은 항로를 벗어났으며, 사냥꾼은 길을 잃었다. 측량가는 심각한 잘못을 저질렀으며, 군인도 길을 잃었다.

수학과 골프

테이트는 골프에도 관심을 가졌으며, 골프 공의 비행을 수학적으로 연구한 최초의 사람이었다. 장타의 비밀에 대한 설명은 처음에는 비웃음을 받았다. 그는 회전이 중요한 요인임을 밝혔다. "골프 공의 위쪽을 치면, 공의 윗부분이 중심보다 더 빨리 앞으로 이동하기 때문에 회전에 의해 공의 앞부분이 밑으로 내려가고, 공 자체도 그 방향으로 비스듬히 나아간다. 공을 역회전시키면, 공은 위쪽을 칠 때와 반대 방향으로 돌고, 이에 따라 아래가 아닌 위쪽 방향으로 벗어나려는 경향이 있다. 위쪽 방향으로 나르려는 경향은 중력의 영향에도 불구하고 종종 공의 경로를 위로 오목하게 만든다." 비행 거리와 시간을 연장시켜 주는 것은 역회전이다. 공은 회전 없이 어느 정도 중력에 대항할 수 없지만, 회전하는 공은 더 먼 거리를 여행할 수 있다.

테이트의 한 아들Frederick Guthrie Tait은 뛰어난 골프 선수였다.

데데킨트 Julius Wilhelm Richard Dedekind

1831~1916

데데킨트는 1831년 10월 6일 독일 브라운슈바이크에서 법학 교수의 아들로 태어났다. 1852년 괴팅겐 대학에서 박사 학위를 받았는데, 가우스의 가장 재능 있는 제자이며 마지막 제자였다. 1854년 괴팅겐 대학에서 리만과 함께 무급 강사가 됐고, 1855년에 부임한 디리클레로부터 수학의 여러 분야를 배웠다. 1858년에 취리히 공과 대학 교수가 됐는데, 이때 '절단' 의 개념을 고안했다. 1862년 고향으로 돌아가서 브라운슈바이크 공과대학 교수가 됐다.

데데킨트는 더 유명한 대학으로 옮길 수도 있었지만, 여생을 그곳에서 사람도 거의 만나지 않고 결혼도 하지 않는 채 아주 조용하게 보내면서 대수학 연구에 전념했다. '절단' 과 '아이디얼' 개념의 도입으로 실수의 정의와 대수적 수에 관한 이론 발전에 공헌했다.

부정확한 사망 고시

1904년 독일 수학회에서는 각 날짜마다 수학자들의 탄생일과 사망일을 기록한 달력을 출판했다. 그 달력에는 데데킨트의 사망일이 1899년 9월 4일로 기록되어 있었다.

데데킨트는 그 달력의 출판인에게 편지를 보내, 9월 4일이 옳을 수 있지만 1899년은 확실히 옳지 않다고 말했다. 바로 그 날 그는 최고의 건강 상태

에 있었으며 영광스러운 친구 칸토어를 만찬에 초대해서 수학에 관한 활기 넘친 토론을 즐겼다고 말했다. 그리고 데데킨트는 칸토어가 그때 자신에게 치명적인 공격을 가한 것이 아니라 자신이 저지른 수학적인 잘못에 대해 치명적인 일격을 가했다고 덧붙였다.

그 달력은 완전히 잘못됐음이 밝혀졌다. 데데킨트는 1916년 2월 12일에 사망했다.

푸크스 Lazarus Immanuel Fuchs

1833~1902

푸크스는 1833년 5월 5일 프로이센의 포젠❶ 근처에서 태어났다. 베를린 대학에서 바이어슈트라스의 지도로 1858년 박사 학위를 취득했고, 김나지움에 근무하다가 1865년 베를린 대학에서 무급 강사로 가르치기 시작했다. 그라이프슈발트 대학(1868~73), 괴팅겐 대학(1874), 하이델베르크 대학(1875~84) 등에서 가르쳤으며, 1884년 쿠머의 후임으로 베를린 대학에 정교수가 되어 여생을 보냈다. 그가 새로운 선형 미분 방정식론을 시작한 것은 1865년이었으며, 이 분야의 전문가로서 명성을 얻었다.

실베스터와의 공통점

푸크스는 실베스터와 한 가지 공통점이 있었다. 그는 강의 준비를 거의 하지 않았지만, 즉석에서 많은 것을 만들어냈다. 그래서 이 두 위대한 수학자의 학생들은 대가에 의해 만들어지는 수학을 직접 접하는 흔치 않은 경험을 자주 할 수 있었다.

❶ Posen, 현재 폴란드의 포즈난(Poznan).

아름다운 결과

푸크스의 미분 방정식 강의에 관해 종종 인용되는 이야기가 있다. 그는 세세한 계산을 강의 중에 칠판에서 직접 하기를 원해서 강의 준비를 철저히 하지 않고 강의실에 들어가곤 했다. 이에 따라 종종 실수를 저질렀으며, 궁지에 몰리곤 했다. 강의 중 자신이 필요한 어떤 관계식을 유도하려고 시도하다가 일련의 치환으로 얻어진 복잡한 방정식들로 칠판을 가득 채우게 됐다. 그런데 갑자기 관계식들이 간단해졌고, 0=0이라는 등식에 도달했다. 그는 당황해서 어찌할 바를 모르며 칠판에 한 걸음 다가서서 무엇인가 잘못됐다고 중얼거렸다. 결국 학생들을 돌아보고 눈을 깜빡이며 말했다. "그렇지만 0=0은 정말로 매우 아름다운 결과입니다." 다음 수업 시간에, 푸크스는 자신이 처음에 원했던 결과를 단순하게 적음으로써 이 난국을 모면하고는, 그곳으로부터 시작했다.

조르당 Marie Ennemond Camille Jordan

1838~1922

조르당은 1838년 1월 5일 프랑스 리옹에서 태어났다. 1855년 에콜 폴리테크니크에 입학해서 수학을 배웠고, 졸업한 뒤에는 당시의 많은 프랑스 수학자와 같이 공학자의 길을 걸었다. 1873년 에콜 폴리테크니크의 시험관을 거쳐 1876년에 해석학 교수가 되어 1912년에 은퇴할 때까지 가르쳤다. 1883년부터 1885년까지는 콜레주드프랑스의 교수직을 겸했다.

조르당은 유한 군론과 수론을 연구했고, 위상 수학에서 호모토피 군을 정의했다. 선형 대수학에서 '조르당 표준형'과 위상 수학에서 '조르당의 곡선 정리'로 이름을 남겼다.

전쟁의 참화

조르당은 1862년에 결혼했고 6남 2녀를 두었다. 그 뒤 뛰어난 업적과 화려한 경력을 쌓고 1912년에 은퇴했다. 그런데 그의 말년은 전쟁으로 불행했다. 1914년 제1차 세계 대전이 일어났는데, 1916년까지 아들 중 3명이 전사했다.

복잡한 기호

조르당은 수학 책을 저술할 때 매우 복잡한 기호들을 사용했다. 예를 들면, (a, b, c, d 또는 α, β, γ, δ와 같이 나타낼 수 있는) 동일한 종류의 대상이 네 개 있다면, 그는 a, M_3', ε_2, $\Pi_{1,2}''$과 같이 표현했다고 한다.

가우스 · 조르당(?) 소거법

연립 일차 방정식의 해법으로, 계수 행렬에 행 연산을 적용시켜 행 사다리꼴 행렬을 만들고 후진 대입법으로 해를 구하는 '가우스 소거법'이 있다. 행 연산을 또다시 이용하면 기약 행 사다리꼴 행렬을 얻고 해를 직접 구하기도 하는데, 이를 '가우스 · Jordan 소거법'이라고 한다.

여기에서 'Jordan'은 조르당을 지칭할까? 'Jordan 표준형'의 Jordan은 분명히 조르당이다. 그러나 많은 사람이 알고 있듯이 '가우스 · Jordan 소거법'의 Jordan은 조르당이 아니라, 독일의 측지학자 빌헬름 요르단[1]을 의미한다. 요르단은 책 《측지학 안내서》[2]에서 이 방법을 설명했다. 사실, 1877년에 출판된 제2판에서 이미 이 방법의 요지를 분명히 엿볼 수 있다.[3]

빌헬름 요르단은 1842년 3월 1일 독일 남부의 엘르방겐Ellwangen에서 태어났다. 고등학교를 졸업한 뒤 슈투트가르트 공과대학을 다녔으며, 철도 건설을 위한 예비 작업에서 보조 기사로서 그리고 고도 측정을 위한 '삼각 측량사'로서 2년 동안 근무했다. 슈투트가르트 대학에서 측지학 조교로 2년을 더 보낸 뒤, 1868년 겨우 26세의 나이로 카를스로에Karlsrihe 공과 대학의 측지학 정교수가 됐고 1882년에는 하노버 공과 대학으로 옮겼다. 요르단은 독일의 여러 지역에서 시행된 측량 작업에 활발하게 참여했고, 1873년에는 《측량

❶ Wilhelm Jordan(1842~1899)

❷ *Handbuch der Vermessungskunde*, 제3판, 1888

❸ S. Althoen, R. MaLaughlin, "Gauss-Jordan Reduction: A Brief History," *American Mathematical Monthly*, 94(1987), 130-142.

잡지》[4]의 편집자가 되어 죽을 때까지 그 직책을 맡았다. 그는 1873년 《실용 기하학 수첩》[5]을 출판했는데, 이것이 《측지학 안내서》가 됐다. 《측지학 안내서》는 요르단 생존시 제5판까지 출판됐고, 프랑스, 이탈리아, 러시아 등의 언어로 번역됐다.

❹ *Zeitschrift fur Vermessungswesen*

❺ *Taschenbuch der Praktischen Geometrie*

리 Marius Sophus Lie

1842~1899

리는 1842년 12월 17일 노르웨이에서 태어났다. 크리스티아니아(현재 오슬로) 대학에서 실로우❶의 지도로 수학을 배우고 1865년 졸업한 뒤, 1869년 독일과 프랑스에 유학해서 클라인과 공동으로 기하학을 연구했다. 1871년 모교의 조교가 됐고 1872년에는 그를 위해 신설된 교수직에 올라서 활발하게 연구했다. 1886년에 괴팅겐으로 옮긴 클라인의 후임으로 라이프니츠 대학 교수가 됐고, 1898년에는 크리스티아니아 대학 교수가 됐다. 이 교수직은 리를 위해 특별히 신설됐지만, 리는 건강 악화로 곧 숨졌다. 리는 변환군으로 명성을 얻었으며 리 대수학으로 이름을 남겼다.

전공 선택

리는 키가 크고 힘이 셌다. 스포츠, 특히 체조에 능했기 때문에, 군인이 되려고 했지만 근시 때문에 포기했다. 1859년 대학에 입학해서는 언어학을 전공하려 했지만 그리스어에 낙방한 뒤에 과학으로 바꾸었다. 고등학교 시절의 은사 실로우가 대학에서 군론을 강의하기 시작했는데, 이에 홍미를 느껴 수학을 전공하게 됐다.

❶ Peter Ludwig Mejdell Sylow(1832~1918), 노르웨이의 수학자

대학 시절 리에 관한 무용담이 많이 있다. 예를 들면, 어느 주말 그는 부모를 뵙기 위해서 집까지 걸어갔는데, 그 거리가 60km에 달했다. 그런데 부모님이 집에 없었고, 이에 그 길을 다시 걸어서 학교로 되돌아갔다.

불행 1

다르부

노르웨이 수학자 리와 프로이센 수학자 클라인은 1869~70년 겨울에 베를린에서 처음 만나 몇 편의 논문을 공동으로 발표했다. 1870년 여름 리와 클라인은 함께 파리에 있었는데, 프랑스의 두 수학자 조르당, 다르부❷와 가까이 지냈다. 국적이 서로 다른 이 수학자들의 많은 결실을 맺었던 만남은 프로이센 · 프랑스 전쟁의 발발로 갑자기 끝이 나고 말았다. 클라인은 즉시 파리를 떠나 독일로 향했고, 리는 도보로 프랑스를 가로질러 이탈리아로 향했다. 도중에 퐁텐블로Fontainebleau에서 경찰의 심문을 받았는데, 그의 수학 논문은 암호문으로 의심받아 독일 간첩으로 오인되어 체포됐다. 다르부가 석방 허가를 얻어낼 때까지 한달 동안 감옥에 감금되어 있었다.

노르웨이로 되돌아간 리는 1871년 크리스티아니아 대학의 조교가 됐고 박사 학위를 취득했다.

❷ Jean Gaston Darboux(1842~1917), 프랑스의 수학자. 1866년 박사 학위를 취득하고, 콜레주드프랑스(1866~67), 루이르그랑 리세(1867~72), 에콜 노르말 쉬페리외르(1872~81), 소르본 대학(1873~1917)에서 가르쳤다. 그의 이름이 붙은 '다르부 적분'을 포함해서 해석학과 미분 방정식에 공헌했다.

불행 2

리는 1886년에 라이프치히 대학으로 옮김으로써 노르웨이에서 느끼던 학문적 소외감을 지울 수 있었다. 그리고 프랑스로부터는 에콜 노르말 쉬페리외르의 우수한 학생을 받고 미국으로부터도 많은 학생을 받아 가르친다는 사실을 자랑스러워했다.

그러나 라이프니츠에서의 삶이 완전히 만족스럽지만은 않았다. 언어 문제가 있었고, 강의 부담이 컸다. 스투디[3], 하우스도르프 등과 같은 초기의 유능한 제자가 떠난 뒤에는 우수한 학생을 더 이상 받지 못했다. 특히, 불쾌하게도 동료들이 자신을 클라인의 제자로 취급했다. 불면증에 시달리기 시작했으며, 1889년 가을에는 신경 쇠약에 걸리기도 했다.

회복 된 뒤, 리는 학문적으로 다시 활력을 되찾았지만, 활달했던 성격이 바뀌어 점점 더 예민해지고 화를 잘 냈다. 동료들에게 심한 공격을 하기 시작했으며, 9년 동안 함께 연구한 충실한 제자 엥겔[4]과 1880년대 말에 결별했다. 1892년에는 클라인과도 충돌했다. 클라인은 20년 전에 발표한 에를랑겐 목록을 리의 연구 결과를 포함시켜서 수정하고 싶었다. 그러나 그 방법에 대해 두 사람은 의견을 달리했는데, 클라인은 1877년까지 리가 자신에게 보낸 편지를 모두 불살라버렸다. 1893년에 리는 독일 수학계의 지도적인 위치에 있던 클라인을 다음과 같이 공개적으로 공격했다. "나는 클라인의 제자가 아니고, 그 반대의 경우도 맞지 않다. 그러나 반대의 경우가 진실에 더 가까울 수 있다." 1894년에 노르웨이 정부는 크리스티아니아 대학에 변환군 이론을 위한 교수직을 마련해주었고, 리는 그로부터 4년 뒤에 고국으로 돌아갔다.

❸ Eduard Study(1862~1930), 독일의 수학자
❹ Friedrich Engel(1861~1941), 독일의 수학자

칸토어 Georg Ferdinand Ludwig Philipp Cantor

1845~1918

칸토어는 1845년 3월 3일 러시아 상트 페테르부르크에서 태어났다. 아버지Georg Woldemar Cantor는 덴마크 출신의 유대인으로 상트 페테르부르크에서 도매업으로 나중에는 주식 중개인으로 성공했는데, 문화와 예술을 사랑하는 신교도였다. 어머니Maria Anna Böhm는 러시아인으로 음악을 즐기는 로마 가톨릭교도였다. 칸토어는 부모로부터 상당한 정도의 음악적 · 예술적 재능을 물려받았는데, 뛰어난 바이올린 연주가이기도 했다.

아버지의 건강 때문에, 칸토어는 11세 때 독일로 이주해서 살았다. 아버지의 뜻에 따라 공학자가 되기 위해 1862년 취리히 공과 대학에 입학했다가 아버지의 허락을 받고 전공을 수학으로 바꾸었다. 1863년 아버지가 죽은 뒤에 베를린 대학으로 옮겨서 쿠머, 크로네커, 바이어슈트라스로부터 정수론, 해석학 등을 배우고 1867년 박사 학위를 취득했다. 할레 대학에서 1869년에 무급 강사가 됐는데, 1872년 조교수, 1879년 정교수로 승진해서 1913년 은퇴할 때까지 그곳에서 가르쳤다. 1872년부터 1882년까지 데데킨트와 무리수의 정의를 포함해서 건설적인 학문적 교류를 가졌고, 그 뒤에는 얼마 동안 미타그-레플러와 긴밀한 관계를 맺었다. 1874년에 여동생의 친구Vally Guttman와 결혼했고, 여섯 자녀를 두었다.

초한 집합론의 창시

칸토어는 박사 학위 논문과 교수 자격 취득 논문을 수론에 대해 썼다. 할레 대학에서 연구 분야를 해석학으로 바꾸었는데, 이는 할레 대학의 선임자로 있던 하이네 때문이었다. 하이네는 칸토어에게 삼각 급수에 의한 함수 표현의 유일성을 묻는 미해결 문제를 풀어보라고 했다. 이는 매우 어려운 문제로, 하이네 자신은 물론 디리클레, 립쉬츠[1], 리만 등을 포함해서 많은 수학자가 도전했지만 성공하지 못했다. 칸토어는 1870년 4월까지 표현의 유일성을 증명하는 문제를 해결했다. 1870년과 1872년 사이에 삼각 급수를 다룬 또 다른 논문들을 발표했는데, 이는 바이어슈트라스의 영향을 보여준다.

칸토어는 1873년에 유리수 전체의 집합과 대수적 수 전체의 집합이 가산 countable임을, 즉 자연수 전체의 집합과 일대일 대응임을 증명했다. 그리고 실수 전체의 집합이 비가산uncountable임을 1873년 12월에 증명해서 1874년에 논문으로 발표했다.[2] 이 논문에 일대일 대응의 개념이 (묵시적이지만) 최초로 등장한다. 이런 과정을 통해 초한 집합론transfinite set theory을 창시했으며 기수와 함께 초한수의 개념을 도입했다.

수학과 신학

칸토어의 초한수 이론 전개는 1874년부터 1895년 사이에 발표한 그의 뛰어난 논문들에 나타나는데, 이런 논문 대부분은 독일의 수학 잡지 《수학 연감Mathematische Annalen》과 《수학 잡지Journal fur Mathematik》에 게재했다.

칸토어의 혁명적인 이론이 처음 등장했을 때, 수학계는 일반적으로 회의

❶ Rudolf Lipschtz(1832~1903), 독일의 수학자로, '립쉬츠 조건' 발견.
❷ 이에 따라 '거의 모든' 수가 초월수임을 밝혔다. 리우빌은 1851년에 초월수가 존재함을 증명했었다.

적으로 받아들였다. 클라인이나 푸앵카레와 같이 영향력 있는 수학자도 호의적이지 않았다. (다음 항목에서 알아보듯이) 특히 크로네커는 적대적으로 대했다.

예외적인 사람도 있었는데, 스웨덴 수학자 미타그-레플러는 다른 잡지에서는 거절한 칸토어의 논문을 자신이 창간한 잡지 《수학 동향Acta Mathematica》에 게재했다. 원래 독일어로 발표된 칸토어의 논문 몇 개는 프랑스어로 번역되어 1883년 미타그-레플러의 잡지에 다시 게재됐다. 미타그-레플러에 따르면 에르미트의 제자들이 번역했는데, 푸앵카레도 그 중 하나였다.

그런데 미타그-레플러는 1885년 칸토어의 철학적인 논문은 그의 명성에 해를 끼칠 수 있다는 이유로 게재하지 않았다. [이를 계기로 칸토어와 미타그-레플러의 관계가 끝났다.] 사실, 칸토어의 연구가 수학이라기보다 신학이라는 크로네커의 비난에도 어느 정도의 정당성이 있을 수 있다. 칸토어는 젊은 시절 중세 신학에 깊은 관심을 가졌으며, 만약 수학자가 되지 않았다면 철학이나 신학에 자취를 남겼을 가능성이 매우 높다.

정신병원으로 몰아넣다

수학자 사이의 불쾌한 사건 중에서도 매우 가슴 아픈 예는 크로네커와 칸토어 사이에서 일어난 가potential 무한과 실actual 무한에 관한 다툼이다. 칸토어는 집합론과 초한수의 창시자였다. 확고한 유한론자인 크로네커는 칸토어의 연구를 신비주의 또는 신학으로는 간주할 수 있지만 분명히 수학은 아니라는 점을 수학계에 밝히려고 노력했다.

앞에서 언급한 대로 칸토어는 1877년에 단위 선분 [0, 1]과 p차원 공간이 일대일 대응임을 증명한 논문을 《크렐레의 잡지》에 게재했는데, 크로네커가 의혹을 제기했다. 데데킨트가 칸토어의 편에서 중재해서 겨우 게재될 수 있었다. 칸토어는 크로네커의 반대에 크게 분개했고, 그 뒤 《크렐레의 잡지》에는 더 이상 논문을 투고하지 않았다.

이 두 사람은 전투 능력에서 큰 차이가 있었다. 크로네커는 말싸움에서는 뛰어난 소질이 있었지만, 칸토어는 매우 약했다. 칸토어에 대한 크로네커의 지독한 증오에는 수학적 근거가 있었지만, 자주 심한 독설을 퍼붓는 개인적인 욕설로 변질됐다. 이런 맹렬한 공격에 소심하고 과민한 칸토어는 자신을 의심하기 시작했으며, 40세였던 1884년 봄 최초로 일련의 신경 쇠약 증상이 나타났다. 이런 신경 쇠약 증상은 그의 여생을 통해 되풀이됐고 그는 할레에 있는 정신 병원에 주기적으로 입원했다. 병원에서 퇴원할 때마다 칸토어의 정신 기능은 극도로 날카로워졌다. 그리고 또 다른 쇠약 증상이 첨가됐다.

칸토어는 할레에 있는 정신 병원에서 1918년 73세의 나이로 죽었다. 그는 인생의 대부분을 할레 대학에서 보낼 수밖에 없었다. 베를린 대학 교수가 되려는 그의 꿈은 크로네커의 격렬한 반대에 부딪혀 계속해서 깨어지고 말았다.

크로네커 대 칸토어의 다툼은 수리 철학에서 직관주의와 형식주의 학파 사이의 20세기의 논쟁으로 발전됐다. 칸토어에 대한 방어로, (형식주의 학파의 지도자인) 힐베르트는 다음과 같이 선언했다. "칸토어가 우리를 위해 창조해 낸 낙원으로부터 그 누구도 우리를 쫓아낼 수 없다." 그리고 시간이 지나도 칸토어의 다음과 같은 금언은 되풀이 될 것이다. "수학의 본질은 그것의 자유에 있다."

집합론의 유래(?)

다음은 칸토어가 집합론을 발견하게 된 경위에 대해 어떤 사람이 우스개로 꾸민 이야기이다.

칸토어의 어머니는 아들과 곧 있을 만찬 준비를 논의하고 있었다. 칸토어

부인이 말했다. "우리가 필요한 것은 만찬에 필요한 새로운 식기 세트set다." 그녀는 만찬에 필요한 각 접시 세트에는 샐러드 접시, 컵, 컵 받침 등이 있다고 소상하게 설명했다. 추상적인 생각에 골몰하던 아들은 일대일 대응 관계에 관심을 가졌는데, 나중에 자신의 연구를 보완해서 집합론의 기초적인 원리들을 연구하기 시작했다.

클리포드 William Kingdon Clifford

1845~1879

클리포드는 1845년 5월 4일 잉글랜드의 액서터Exerter에서 태어났다. 15세에 런던의 킹스 대학에 입학해서 수학, 고전, 영문학, 체육 등에서 탁월한 성적을 얻었다. 18세에 케임브리지의 트리니티 대학에 입학해서 수학 우등 졸업 시험에서 2등을 했고, 1868년에 특별 연구원이 됐다. 1871년에 런던의 유니버시티 대학 수학 및 역학 교수가 됐다. 비유클리드 기하학을 연구했으며, 아인슈타인의 일반 상대성 원리의 기초가 된 이론을 발표했다. 19세기의 영국에서 가장 촉망받던 수학자였지만, 34세의 젊은 나이에 폐병으로 사망해서 비범한 재능을 제대로 발휘하지 못했다.

클리포드는 교사로서 누구도 능가하지 못할 능력이 있었고, 매우 명확한 해설가이고 훌륭한 연설가였다. 그는 생존시 일반 청중에게 수학을 강연할 수 있고 청중이 그 내용을 이해하게 할 수 있는 영국에서 유일한 수학자였다는 말을 들었다고 한다.

위대한 수학자의 징후

클리포드의 앞날을 예견해 주는 어린 시절의 이야기가 있다. 그가 6세 때 부모는 그를 매클로드McLoed 아주머니에게 맡기고 잠시 떠난 적이 있었다. 어느 날 밤 그녀는 침대에 누운 클리포드가 매우 깊이 생각하고 있는 것을 발견했다. 그래서 그녀는 무엇을 생각하고 있는지 물었다. 클리포드는 미소를 지으며 그녀를 올려다보고 말했다. "애니 아주머니, 저는 아주머니가 알 수 있을 것이라고는 생각하지 않아요." 이야기해 달라고 재촉하자, 어린아이는 '마차 바퀴가 한 바퀴 도는 데 필요한 주머니칼의 모서리의 개수' 를 계산했다고 대답했다. 클리포드는 자신의 계산 결과와 바퀴의 크기를 그녀에게 알려주었다. 그 뒤 이 문제와 답을 꽤 훌륭한 수학자였던 킹던Frank Kingdon 아저씨에게 보냈다. 그 계산은 몇 개의 주머니칼 모서리만큼의 오차 내에서 정확했다.

어린 클리포드는 놀라운 공간 지각력을 지녔다. 교묘하게 서로 맞물린 여러 개의 조각으로 이루어진 구 형태의 복잡한 삼차원 퍼즐이 있었다. 이 삼차원 퍼즐은 그 구를 분리하는 것이었다. 어린 클리포드에게 그 삼차원 퍼즐을 처음 봤을 때, 그 구를 만지지 않고 몇 분 동안 주의 깊게 관찰했고 머리 위에 손을 얹고 또 몇 분 동안 가만히 앉아 있었다. 그리고 그는 수수께끼의 구를 집어들고, 곧바로 분리시켜 주위 사람을 깜짝 놀라게 했다.

回 강인한 사람

클리포드는 강인한 정신을 지녔는데, 그에게 윤리의 법칙은 자유와 독립을 뜻했다. "이 세상에는 명령하려는 욕망보다 더욱 사악한 것이 하나 있다. 그것은 복종하려는 의지이다."

클리포드는 신체적으로도 놀라울 정도로 엄청난 힘을 소유했다. 단 한 손만으로(어느 쪽이고) 턱걸이를 할 수 있었다. 또, 전혀 겁이 없는 사람으로 보였는데, 대단히 높은 곳에서 깜짝 놀랄 만한 행동을 서슴없이 했다. 예를 들면, 교회의 높은 탑 위에 있는 풍향기의 빗장에 양발을 걸치고 매달려 있기도 했다. 그런데 그의 엄청난 힘과 정열은 오히려 건강을 해쳤고 일찍 죽음에 이르게 만든 원인이 됐다고 한다.

똑같은 찬사

장래가 매우 촉망됐던 두 수학자 코테스와 클리포드는 모두 34세의 나이로 죽었다. 코테스에 대해 뉴턴은 "코테스가 더 오래 살았다면, 우리는 중요한 사실을 알게 됐을 것이다."라고 말했다. 클리포드의 수학 논문집을 편집했던 터커Robert Tucker도 1882년 그 책의 표지에 다음과 같이 써넣었다. "그가 더 오래 살았다면, 우리는 중요한 사실을 알 수 있었을 것이다."

연 날리기

클리포드는 짧은 생애 동안 줄곧 어린이 같은 행동을 했고 어린이의 놀이와 장난을 즐겨 했는데, 당대의 루이스 캐럴(아래 항목 참조)과 같이 어린이들을 즐겁게 해 주었다. 어린이에게 연 날리기를 가르치고 어린이 잔치를 베푸는 것이 그의 가장 큰 즐거움에 속했다. 그는 어린이를 즐겁게 해주기 위해서 동화집 《꼬마 요정The Little People》을 쓰기도 했다.

클리포드는 18세였던 1863년 밀러Miller에게 보낸 편지에 다음과 같이 썼다. "나는 처음으로 연을 날리기 시작했을 때부터(아직도 연을 날리고 있는데), 바람의 작용에 의한 연 줄의 형태를 찾는 문제를 마음 속으로 생각하고 있다. 정확하지는 않겠지만, 언젠가 이와 관련된 방정식을 얻는 것이 매우 어렵지는 않을 것이라고 생각했다. 내가 어떤 결과를 얻으면, 당신에게 알려주겠다." 연 줄 문제는 결국 《교육지Educational Times》 1879년 7월과 1880년 5월호의 문제 6009로 등장했다. 클리포드는 1879년 3월 3일에 죽었다.

루이스 캐럴

유명한 동화 《이상한 나라의 앨리스》와 《거울 나라의 앨리스》의 저자 도지슨❶은 필명 루이스 캐럴Lewis Carroll로 더 잘 알려져 있다. 그는 옥스퍼드의 크라이스트처치 대학을 다니고 1854년 최종 시험에서 일등으로 졸업했으며, 1881년까지 모교에서 수학을 가르쳤던 수학자이자 논리학자였다.

루이스 캐럴

루이스 캐럴을 문학 작품을 통해 알고 있는 사람은 그가 수학자였으며 수학에 관한 여러 권의 교과서를 출판한 사실을 알지 못할 것이다. 빅토리아 여왕은 루이스 캐럴의 앨리스 이야기를 읽고 대단히 감명을 받아 신하를 보내어 루이스 캐럴이 쓴 다른 모든 책을 가져오게 했다. 신하는 여왕이 읽을 수 없는 한 꾸러미의 수학 책을 갖고 돌아왔다는 이야기가 있다.

논리학자로서 도지슨은 논리학을 논증 도구보다는 게임으로 관심을 가졌는데, 난센스 저술 기법을 최고점까지 끌어 올렸다. 그의 문학 작품에서 정교한 논리가 놀라운 방법으로 관련된 경우를 여러 곳에서 찾아볼 수 있다. 그리고 이상한 나라에서 앨리스의 크기와 비율은 사영 변환의 어떤 닫힌 집합을 형성한다는 충분한 증거가 있고, 《거울 나라의 앨리스》는 서양 장기의 최종 단계에 근거하고 있다는 사실은 확실하다.

어린이를 즐겁게 만든 신사들

도지슨과 클리포드는 매우 다른 성격의 소유자였다. 클리포드는 매우 사교적이었고 유창한 연설가였다. 반면에, 도지슨은 매우 수줍어했고 말을 더

❶ Charles Lutwidge Dodgson(1832~1898)

듣었기 때문에 몹시 괴로워했다. 도지슨이 어린이에게 마음이 끌리게 된 이유는 바로 이런 이유 때문이었다는 말도 있다. 특히, 그는 어린 여자아이들을 좋아했는데, 이들과 어울리는 것을 편하게 생각했다. 그는 취미로 사진을 찍었는데, 특히 어린이의 사진을 매우 잘 찍었다.

클리포드와 같이 도지슨도 어린이 잔치를 즐겼다. 런던의 어떤 집에서 어린이 잔치가 열렸는데, 우연히 옆집에서는 같은 시간에 어른들의 잔치가 있었다. 도지슨은 어린이들을 즐겁게 해주기 위해서 네 발로 기어 집에 들어가기로 했다. 불행하게도, 그는 어른들의 잔치가 열리고 있던 옆집 거실로 기어 들어갔다.

미타그-레플러 Gosta Mittag-Leffler

1846~1927

미타그-레플러는 1846년 3월 16일 스웨덴 스톡홀름에서 교사의 장남으로 태어났다. 1865년에 웁살라Uppsala 대학에 입학해서 수학을 공부하고 해석 함수론(편각 원리의 응용)에 관한 논문으로 1872년에 박사 학위를 취득했으며 강사가 됐다. 3년 동안 외국에서 공부할 수 있는 장학금을 받고 1873년 10월 파리로 갔다. 여러 수학자를 만났는데, 특히 에르미트를 만나서 타원 함수에 관한 강의를 들었다. 1874년 봄에는 베를린으로 가서 바이어슈트라스의 여러 강의를 들었는데, 그 뒤 그를 스승으로 생각했다.

미타그-레플러는 1876년에 핀란드의 헬싱키 대학 교수가 됐다. 5년 뒤에는 신설된 스톡홀름❶ 대학 최초의 수학 교수가 됐다. 해석학, 해석 기하학, 확률론 등을 연구했으며, 특히 복소 해석학에서는 해석적 표현과 관련된 '미타그-레플러의 정리'로 이름을 남겼다.

미타그-레플러는 1882년에 새로운 국제 수학 잡지 《수학 동향Acta Mathematica》을 창간해서 45년 동안 편집장을 맡았다. (이는 한 세기가 지난 오늘날까지도 수학계에서 가장 권위 있는 잡지의 하나이다.) 최고의 수학자는 아니었지만, 왕성한 학회 활동으로 스웨덴을 비롯한 유럽의 여러 학회로부터 주목을 받았으며 19

❶ 당시에는 'Høgskola' 라고 불렸다.

세기 말부터 20세기 초까지 스웨덴에서 가장 권위 있는 수학자였다. 당시 수학계에서 엄청난 힘을 발휘해서 '수학 정치가'로 불렸는데, 스웨덴 수학의 아버지로도 불린다.

성 '미타그-레플러'의 유래

괴스타 미타그-레플러의 아버지는 요한 레플러Johan Olof Leffler이고 어머니는 구스타바 미타그Gustava Wilhelmina Mittag다. 괴스타는 어린 시절 이름은 'Gösta Leffler'였는데, 20세 때 어머니의 성 'Mittag'을 붙여 자신만의 성을 만들었다. 이는 어머니와 외조부모에 대한 호감을 분명히 반영하고 있다. 그는 어린 시절에 여름마다 시골에 있던 외가에서 머물렀는데, 고명한 성직자였던 외할아버지와 외할머니를 무척 사랑했다.

괴스타는 장남이었는데, 작가가 된 여동생과 각각 언어학자와 토목 공학자가 된 남동생들이 있었다. 이들은 성에 'Mittag'을 붙이지 않았다.

베를린 대학 대신 헬싱키 대학을 택하다

미타그-레플러는 1875년 괴팅겐 대학에 있을 때, 헬싱포르스[2] 대학의 수학 교수 로렌츠 린델뢰프[3]가 정부의 교육 행정직을 맡기 위해 교수직을 버렸다는 사실을 알게 됐다. 이에 그 자리에 응모했고, 이 사실을 바이어슈트라스에게 알렸다. 그러자 바이어슈트라스는 큰 소리로 말했다. "안 돼, 제발 그러지 말아요! 내가 독일 장관에게 편지를 써서 자네를 이곳 베를린 대학의 조교

[2] Helsingfors, 현재 핀란드의 헬싱키(Helsinki). 핀란드는 1809년에 러시아에 병합됐다가 1919년에 독립했다.

[3] Lorentz Lindelof, 1857년부터 74년까지 헬싱포르스 대학 수학 교수였다. 유명한 수학자 에른스트 린델뢰프(Ernst Lindelof, 1870~1946)는 그의 아들로, 역시 헬싱포르스 대학에서 공부하고, 모교에서 1902년에 교수가 되어 38년까지 가르쳤다.

수로 임명해 달라고 요청했는데, 방금 내 요청이 받아들여졌다는 전갈을 받았어요."

미타그-레플러는 베를린 대학이 수학 연구를 위해서는 더없이 좋은 곳이라는 것을 잘 알고 있었다. 그러나 프로이센 · 프랑스 전쟁(1870~71)에서 승리한 독일은 민족 의식이 매우 고취되었고 외국인을 오만하게 대했다. 이런 저런 사정을 고려해서, 미타그-레플러는 결국 헬싱키를 택했다.

그런데 베를린 대학에도 빈자리가 있었지만, 경쟁이 매우 치열함을 알고 있던 바이어슈트라스는 미타그-레플러에게 헬싱포르스를 권유했다는 말도 있다.

미타그-레플러 연구소

미타그-레플러는 스톡홀름 대학 교수가 된 뒤인 1882년에 지그네Signe af Lindfors와 결혼했다. 지그네는 핀란드에 거주하던 부유한 스웨덴 가문의 딸이었다. 그래서 잡지를 창간하고 발간하는 데 일부 도움을 받을 수 있었다. 그 뒤 그는 스스로 기업가와 같이 활동해서 많은 부를 축적했다.

1890년대에 미타그-레플러는 스톡홀름 교외의 드쥐르스홀름Djursholm에 거대한 집을 새로 지었고, 정원에는 세상에서 가장 훌륭한 수학 도서관을 세웠다. 현재의 기준으로는 큰 규모가 아니지만 희귀한 책과 원고를 많이 소장하고 있다. 그는 1916년에 드쥐르스홀름의 영지와 도서관을 스웨덴 과학원에 기증했는데, 이에 기초해서 오늘날 주요한 수학 연구소의 하나인 미타그-레플러 연구소Mittag-Leffler Institute가 설립됐다.

미타그-레플러 상

미타그-레플러는 노벨상에서 수학 분야가 빠진 것에 몹시 분개했다. 이에 그는 미타그-레플러 상을 제정했다. 수상자는 노벨상으로 주는 메달의 두 배 크기의 메달과 완전히 가죽으로 제본된 《수학 동향》을 받으며, 유명한 요리사가 마련한 환상적인 만찬을 즐겼다.

첫 수상자 중에는 푸생❹이 있었는데, 당시 그는 알프스에서 휴가를 보내고 있었다. 미타그-레플러는 메달과 잡지 및 음식을 알프스에 있는 푸생에게 보냈다.

불행하게도, 미타그-레플러 상은 두 번만 수상되고 폐지됐다. 미타그-레플러는 그 상을 위한 기금을 독일의 제1차 세계 대전 채권과 이탈리아의 철도 주식에 투자했던 것으로 보인다.

❹ Charles de la Vallée Pousin(1866~1962), 프랑스의 수학자로, 소수 정리의 증명으로 유명하다.

클라인 Felix Christian Klein

1849~1925

클라인은 1849(=43^2)년 4(=2^2)월 25(=5^2)일 프로이센의 뒤셀도르프에서 태어났다. 1865년 본 대학에 입학해서 물리학에 관심을 두고 공부하다가, 1866년 플뤼커의 조교가 됐고 1868년 그의 지도로 박사 학위를 취득했다. 플뤼커는 수학 및 실험 물리학 교수였는데, 당시 그의 관심사는 기하학에 깊은 뿌리를 두고 있었다. 1869년에는 베를린, 1870년에는 파리로 가서 많은 수학자에게서 배웠고, 노르웨이에서 온 리와 만나 수학에서 군론의 핵심적인 의미를 깊이 연구했다. 1872년 23세의 나이로 에를랑겐 대학 교수가 됐고, 1875년에는 뮌헨 공과 대학으로 옮겨 후르비츠, 룽게 등을 포함해서 뛰어난 많은 학생들에게 고등 수학을 가르쳤으며, 1880년에는 라이프치히 대학으로 옮겼다. 1886년에는 괴팅겐 대학 교수가 됐고 1913년 은퇴한 뒤에도 여생을 그곳에서 보내면서 괴팅겐 대학의 찬란한 수학 전통을 전승했다.

클라인은 1871년 유클리드 기하학과 비유클리드 기하학을 특정한 원뿔 곡선을 가진 특별한 경우의 사영 평면으로 볼 수 있다는 사실을 증명했다. 이에 따라 비유클리드 기하학이 무모순이기 위한 필요 충분 조건이 유클리드 기하학이 무모순이라는 결론을 얻었다. 즉, 비유클리드 기하학의 상대적인 무모순성을 증명했다. 그 뒤 에를랑겐 대학 교수로 취임할 때 강연한 '에를랑겐 목록' 을 통해 기하학에 대한 놀라운 정의를 내렸고, 당시에 존재한 모든 기하학을 요약했으며 새롭고 풍부한 기하학의 연구 방향을 제시했다. 명강의로 유명했으며, 수학 교육에도 관심을 가져 독일에서 수학 교육 개혁 운동을 지도했고 교육자들을 위한 강의도 했다.

불행한 경쟁과 후유증

클라인은 젊은 시절에 이미 독일의 지도적인 수학자의 반열에 오를 정도였다. 그런데 1883년 프랑스의 젊고 뛰어난 수학자 푸앵카레가 자신이 연구하고 있던 자기동형automorphic 함수에 관한 문제를 해결하려고 시도한다는 말을 들었다. 이에 푸앵카레를 따라 잡기 위해 필사적으로 노력했으며, 실제로 그렇게 됐다. 그러나 그 결과로 신경 쇠약에 걸리게 됐으며 심한 우울증에 빠지게 했다. 그 뒤 그는 그 이전의 수학적 능력을 결코 회복하지 못했다

수학 정치가

클라인은 미타그-레플러 이상의 수학 정치가였다. 젊은 시절에 연구 성과로 이름을 날렸지만, 곧 '과학 정책 입안자'와 같은 역할을 수행하기 시작했다. 에를랑겐 대학에 있을 때 이미 수학 교육 개혁을 위한 생각을 제시했었다. 라이프치히 대학과 괴팅겐 대학에서는 수학과 그 응용 사이의 밀접한 관계를 되살림으로써, 수학을 활성화시키려고 노력했다.

클라인은 수학을 물리학이나 공학에 응용하는 데 관심이 컸는데, 빌헬름 시대의 대학과 중등 교육 개혁 과정에서 수학 · 자연 과학 · 공학의 통합이라는 자신의 생각을 관철시키려고 노력했다. 이런 개혁 활동은 그의 절친한 친구이며 프로이센 정부 관리였던 알트호프Friedrich Althoff와의 협력을 통해서 이루어졌다. 알트호프는 1882년부터 1907년까지 무려 25년 동안 프로이센 교육부의 고등 교육 및 대학 행정 책임자로 있으면서 빌헬름 시대의 교육 정

책을 비롯한 과학 · 문화 정책에 막대한 영향력을 행사했다.[1]

클라인은 괴팅겐 대학에 힐베르트를 영입한 뒤 20년 동안 함께 여러 학문 사이의 관계를 증진시킴으로써, 괴팅겐 대학을 순수 수학 중심의 베를린 대학보다 훨씬 더 매력적인 곳으로 만들었다. 그의 영향력은 독일에서 대단히 강력했으며, 미국 수학의 발달에도 일조했다.

▣ 펠릭스 대왕

클라인은 매우 근엄하게 행동했는데, 봄 학기와 가을 학기에 각각 한 개씩의 농담만을 하기로 작정했다는 말이 있었다. 그는 종종 학생과 동료들을 자기 집으로 초청해서 만찬을 베풀었는데, 이런 자리에서 마치 왕과 같은 태도로 주인역을 맡았다. 이렇게 주인이 대단히 위엄을 부렸기 때문에 그가 어떤 학생에게 질문을 던졌을 때 그 학생은 벌떡 일어서서 대답하곤 했다는 이야기가 있다.

클라인은 시간을 매우 신중하게 배분했기 때문에, 딸마저도 그와 대화하기 위해서는 미리 약속을 해야만 했다.

▣ 무례

'추밀 고문관Geheimrat' 은 독일 과학계에서 가장 존경받는 사람들에게 부여된 칭호인데, 영국에서 기사 작위를 받은 과학자와 거의 동등할 것이다. 힐베르트와 클라인은 추밀 고문관 칭호를 받았다. 힐베르트는 이에 별로 가치를 두지 않았지만, 클라인은 이런 칭호로 불리기를 고집했다. 위너가 클라인을 방문했을 때, 끔찍한 실수를 저지르고 말았다. 그는 클라인의 집 현관에서

[1] 김영식 · 임경순, 《과학사신론》, 다산출판사, 1999, p. 244.

나이든 하녀와 마주쳤을 때 "교수님, 집에 계십니까?" 라고 물었다. 하인은 험악한 표정과 질책의 목소리로 대답했다. "추밀 고문관께서 집에 계십니다."

삼단 논법

클라인은 나이가 들면서 더욱 더 거드름을 부렸는데, 괴팅겐 대학생들 사이에서는 다음과 같은 삼단 논법이 인기를 얻었었다. "괴팅겐 대학 수학자들을 두 부류로 나눌 수 있다. 즉, 자신이 원하는 것을 하지만 클라인이 원하는 것을 하지 않는 수학자와 클라인이 원하는 것을 하지만 자신이 원하는 것을 하지 않는 수학자가 있다. 클라인은 분명히 어느 부류에도 속하지 않는다. 따라서 클라인은 수학자가 아니다."

소냐 코발레프스카야

Sonya Vasilievna Kovalevskaya

1850~1891

나중에 소냐로 불린 소피아Sophia Vasilievna Krukovsky는 1남 2녀 중 둘째 딸로 1850년 1월 15일 모스크바에서 태어났다. 1858년 육군 중장으로 퇴역한 아버지Vasily Korvin Krukovsky와 함께 폴리비노Palibino에 있는 시골 사유지로 이사했고, 이곳에서 그녀는 어린 시절을 보냈으며 초기 교육을 받았다. 일반 과목을 가르친 첫째 교사는 그녀를 지혜와 온정이 빛나는 적갈색의 눈을 가진 매우 강건한 체격의 상냥하고 애교 있는 소녀로 묘사했다. 그녀는 2년 반 동안 산술, 3년 반 동안 대수학과 기하학, 마지막으로 평면 기하학과 입체 기하학 등의 수학을 배웠다.

소냐는 바이어슈트라스의 개인 지도로 수학을 배웠고, 괴팅겐 대학에서 학위를 받았다. 그녀의 시대에 이르러 유럽의 대학들은 드디어 여성에게 문을 열기 시작했다. 그녀는 자신의 능력으로 학술계의 일원으로 인정받은 최초의 여성이 됐고, 유럽 최초의 여자 교수가 됐다.

수학을 연구하게 된 경위

소냐는 수학 연구에 흥미를 갖게 된 두 가지 요인을 서술했다. 첫째는 그녀의 삼촌 표트르Pyotr Vasilievich Krukovsky였는데, 그는 수학을 독학했으며 원의 구적과 점근선 및 상상력을 유발할 만한 다른 많은 것에 대해 이야기해 주었다. 둘째는 신기한 '벽지' 였다. 그 벽지는 폴리비노의 어린이 방에 붙어 있었는데, 아버지가 학창 시절에 구입했던 오스트로그라드스키❶의 미분 적분법에 관한 강의록이었다. 그녀는 누렇게 변색된 이 종이들에 매력을 느꼈고, 조각난 문장들을 판독하고 각 장의 적절한 순서를 찾아내려고 많은 시간을 보냈다.

오스트로그라드스키

독일에서 공부하게 된 경위

1867년 여름 소냐는 상트 페테르부르크로 가서 해군 학교의 수학 교사였던 스크라놀리우브스키Alexander Strannolyubsky로부터 개인적으로 미분 적분학을 배웠다. 그곳에 머무는 동안 저명한 러시아 수학자 체비쇼프❷를 방문했고 수학 공부에 대해 상담했다. 그런데 러시아의 대학들은 여자를 받아들이지 않았기 때문에, 그녀는 고등 교육을 고국에서 받을 수 없었다.

당시 소냐가 직면한 상황은, 공부를 계속해서 자신의 능력을 개발하고 싶던 러시아 상류 계급의 다른 여성도 또한 괴롭히고 있었다. 유일한 해결 방법은 외국 대학으로 유학하는 것이었지만 이런 계획은 통상 부모의 반대에 부딪혔기 때문에, 많은 여성은 자신들에 동조하는 젊은 남자와 명목상의 결혼을 했다. 그래서 '아내' 는 외국에 나가 자유롭게 공부할 수 있었다. 소냐의 언니 안나Aniuta는 그녀를 기꺼이 도와줄 사람을 알고 있었다. 그는 나중에 고생물학자가 된 블라디미르 코발레프스키Vladimir Onufrievich Kovalevsky였다.

블라디미르는 소냐의 고등 수학 지식, 유창한 언어 실력, 다재 다능한 재

❶ Mikhail Ostrogradski(1801~1862), 러시아의 수학자

❷ Pafnuty Lvovich Chebyshóv(Chebyshev)(1821~1894), 모스크바 대학을 1841년에 졸업하고, 1847년부터 상트 페테르부르크 대학에서 35년 동안 가르쳤다. 수론 · 확률론을 연구했다.

주와 근면성에 대단히 감명 받았다. 그들은 1868년 9월에 결혼했고, 이에 따라 소냐의 성은 코발레프스카야Kovalevskaya가 됐고, 다음 해 봄 하이델베르크 대학으로 유학 갔다.

▣ 바이어슈트라스의 제자

소냐는 하이델베르크 대학 재학 시절(1868~1870), 쾨니히스베르거❸와 뒤부아레몽❹의 수학 강의와 키르히호프❺와 헬름홀츠❻의 물리학 강의를 들었다. 그런데 쾨니히스베르거는 바이어슈트라스의 제자였는데, 소냐는 이 대가를 열정적으로 칭찬하는 쾨니히스베르거의 말을 듣고 베를린 대학의 그 유명한 수학 교수의 강의를 듣고 싶어했다. 그녀는 1870년 8월 새 학기에 수강을 하기 위해 베를린 대학에 갔지만, 여자를 받아들이지 않던 그 대학은 그녀를 예외로 취급하지 않았다. 그래서 그녀는 직접 바이어슈트라스에게 접근했다. 쾨니히스베르거의 추천서를 받아본 그는 개인적으로 강의해 주었다.

소냐는 곧 바이어슈트라스의 총애 받는 제자가 됐다. 그는 대학 강의를 그녀를 위해 반복했고, 발표하지 않은 자신의 논문, 최근의 과학적 성과, 안정성 문제, 기하학의 새로운 이론 등을 그녀와 토론했다. 그는 한 친구에게 근면성, 자질, 노력, 과학에 대한 열정에서 그녀와 비교할 만한 제자가 거의 없다는 내용의 편지를 보내기도 했다. 그녀는 그와 1870년부터 1874년까지 4년 동안 공부했는데, 이 기간에 대학 수학 과정을 마쳤을 뿐만 아니라 다음과

❸ Leo Königsberger(1837~1921), 독일의 수학자

❹ Paul David Gustav Du Bois-Reymond(1831~1889), 독일의 수학자

❺ Gustav Robert Kirchhoff(1824~1887), 독일의 물리학자

❻ Hermann Ludwig Ferdinand von Helmholtz(1821~1894), 독일 포츠담 출신으로, 쾨니히스베르크 · 본 · 하이델베르크 대학의 생리학 교수와 베를린 대학의 물리학 교수를 거쳐, 수학 교수가 되어 응용 수학과 기하학을 연구했다.

같은 세 개의 중요한 논문을 썼다.

(1) 〈편미분 방정식론에 대해〉

(2) 〈제3종 아벨 적분을 타원 적분으로의 변환에 대해〉

(3) 〈토성 고리의 형태에 관한 라플라스의 연구에 대한 보충 연구와 관찰〉

1874년 괴팅겐 대학은 소냐가 제출한 세 편의 매우 뛰어난 논문 때문에 구두 시험을 면제했고, (부재중에) 그녀에게 박사 학위를 수여했다. 그녀는 학위 논문으로 편미분 방정식에 관한 논문을 제출했으며, 다른 두 논문은 추가로 제출했었다.

▣ 소설가 코발레프스카야

코발레프스카야는 학위를 취득했지만, 교수직을 얻을 수 없었다. 그 동안 헤어졌던 남편도 학위를 받았는데, 1873년 다시 결합해서 1874년 가을 러시아로 되돌아갔다. 러시아에서 초등 수준 이상을 가르치기 위해서는 국가 시험을 치러야 했다. 남편은 이 시험에 (한 번의 실패 뒤에) 합격했지만 적절한 교수직을 얻지 못했고, 개인 사업을 시작했다.

여자에게는 그런 국가 시험에 응시할 자격도 없었다. 문학에 관심이 많던 그녀는 러시아에서 자신의 삶을 묘사한 《베라 보론초프》와 자전적인 《라에프스키가의 자매》 등의 소설로 좋은 평판을 얻기도 했다.

교수 코발레프스카야

소냐는 1878년 딸을 낳았고, 수학 연구를 재개했다. 그런데 남편은 1883년 사업 실패로 자살했다. 그녀는 1884년에 드디어 바이어슈트라스의 제자인 미타그-레플러의 추천으로 스톡홀름 대학의 강사로 초빙됐다.

코발레프스카야는 1888년 38세 때, 논문 〈고정점 주위에서 강체의 회전 문제에 대해〉로 프랑스 학사원으로부터 보르뎅 상Prix Bordin을 수상함으로써 최고의 성공을 거두었다. 이 논문은 좌우명 "네가 아는 것을 말하고, 네가 해야 하는 것을 행하며, 가능한 것을 성취하라."를 첨부해서 제출했다. 이 논문은 제출된 15편 중에서 가장 훌륭한 것으로 판정됐을 뿐만 아니라, 대단히 우수해서 상금이 3000프랑에서 5000프랑으로 증액됐다.

드디어 그녀는 1889년에 종신 교수가 됐다. 이렇게 자신이 직면했던 모든 장애를 극복하고 정상 궤도에 올랐지만, 1891년 2월 10일 스톡홀름에서 폐렴과 우울증으로 너무 빨리 사망했다.

푸앵카레 Jules Henri Poincaré

1854~1912

푸앵카레는 1854년 4월 29일 프랑스 낭시에서 낭시 대학 의학 교수Léon Poincaré의 아들로 태어났다. 1862년에 낭시에 있는 (현재 그를 기려서 리세 앙리 푸앵카레가 된) 리세에 들어가서 11년을 배웠다. 1873년 에콜 폴리테크니크에 입학했고, 1875년에는 광산 그랑제콜인 에콜 데 민École des Mines에 입학해서 광업 기사가 됐다. 이런 가운데 수학 연구를 계속해서 에르미트의 지도를 받고 1879년에 미분 방정식론으로 파리 대학에서 박사 학위를 취득했다. 그 해 말에 곧 캉Caen 대학 강사로 초빙되어 해석학을 가르쳤다. 1881년에는 파리 대학으로 옮겼고, 같은 해에 결혼했다. 1886년에는 소르본 대학 수리 물리학 및 확률론 교수가 됐고, 동시에 에콜 폴리테크니크의 교수를 겸했는데, 죽을 때까지 이런 교수직을 지켰다. 제자를 두지 않았고, 추종자를 만들지 못했다. 1887년 프랑스 과학원 회원이 됐고, 1906년에는 과학원 회장이 됐다.

푸앵카레는 일반적으로 수학 분야에서 마지막 보편주의자universalist로 인정받고 있다. 즉, 적절한 의미에서 수학의 모든 분야를 연구한 마지막 수학자라는 명예를 얻었다. 그는 수리 물리학, 특히 천체 역학에도 크게 공헌했다. 현대에 들어와서 수학은 믿기 어려울 정도로 빠르게 팽창했기 때문에, 어느 누구도 수학의 모든 분야에서 뛰어난 업적을 이루기가 불가능할 것으로 보인다. 그렇지만 이와 똑같은 견해는 푸앵카레가 수학을 연구하기 이전에도 존재했었는데, 당시 가우스는 수학 분야에서 마지막 보편주의자로 간주됐다.

푸앵카레의 어린 시절

◫ 신체의 결함

푸앵카레는 어렸을 때 근육 운동이 제대로 이루어지지 않았다. 5세 때는 디프테리아에 걸렸는데, 거의 1년 동안 말도 할 수 없었다. 이런 신체적인 결함과 크게 해친 건강 때문에, 심한 운동을 할 수 없었고 아이들 놀이에 제대로 참여할 수 없었다. 그래서 독서로 시간을 보낼 수밖에 없었으며, 이를 통해 글재주를 길렀다고 한다. 음악에도 관심을 두었다. 글쓰기를 배울 때에 이르러 양손잡이라는 사실이 밝혀졌다. 그런데 실제로는 어느 손을 사용해도 글씨는 똑같이 형편없었다.

푸앵카레는 신체적인 결함에도 불구하고, (지질학에 대한 관심 때문에) 도보 여행과 등산을 매우 많이 했으며, 지칠 줄 모르는 춤꾼이 됐다. 만약 그가 손재주가 있어서 실험을 제대로 할 수 있었다면, 과학에서 그의 후기 업적은 실제에 많이 접근할 수 있었을 것이라는 말이 있다.

◫ 미술가(?)

푸앵카레는 어떠한 종류의 그림도 그릴 수 없었으며, 미술 과목에서 언제나 영점을 받았다. 학년말에 학우들이 장난으로 그의 미술 '걸작품' 들을 공개 전시했다. 그들은 각 작품에 그리스어로 세심하게 이름을 붙였다. '이것은 집이다' '이것은 말이다' 등등.

푸앵카레는 그리는 재주가 없었기 때문에, 기하학에서 일등을 차지하지 못했다. 그래도 이등은 유지했다고 한다.

▣ 그는 어떻게 할까?

푸앵카레는 수업 중에 전혀 필기하지 않았다. 이에 따라 학우들은 그가 학술 용어를 마구 나열할 수 있지만 그 주제를 실질적으로는 파악하지 못하는 게으름뱅이라고 생각했다. 어느 날 푸앵카레를 떠보기 위해, 성적이 좋은 한 학생이 대표로 매우 어려운 수학 문제를 그에게 물었다. 그런데 푸앵카레는 미리 생각하지도 않았는데, 곧바로 답을 제시했다. 어려운 수학 문제를 즉석에서 빠른 속도로 해결하는 그에 대해 동료들은 "그는 어떻게 할까?"라며 탄성을 짓게 했다.

▣ 경이로운 기억력

푸앵카레는 근시가 심했음에도 불구하고 놀라운 속도로 글을 읽을 수 있었으며, 읽은 모든 내용을 영원히 기억했다. 기억력과 회상력에서 전설적인 오일러보다 뛰어났다. 특히, 공간 기억력이 뛰어났는데, 어떤 특별한 문장이 속해 있는 쪽과 줄을 언제나 기억해 낼 수 있었다.

푸앵카레는 심한 근시 때문에 생긴 또 다른 특징은, 수학 정리 또는 문장을 다른 대부분의 수학자가 눈으로 익히고 받아들이는 것과는 달리 귀를 통해 습득하는 능력이었다. 이런 능력은 학교에서 개발했는데, 칠판의 글씨를 잘 볼 수 없었기 때문에 필기하지 않고 앉아서 듣고 모든 것을 기억해버렸다.

▣ 어려서 얻은 명성

푸앵카레는 리세에 다닐 때 수학에서 탁월한 능력을 발휘했다. 이에 수학 교사로부터 '수학의 괴물'이라는 말을 들었으며, 프랑스 전체의 리세에서 뽑힌 최우수 학생들 사이의 경쟁에서 일등상을 탔다.

그 뒤 젊은 푸앵카레가 에콜 폴리테크니크의 입학 시험을 치를 때, 그가 수학의 천재라는 말을 이미 들은 시험관은 그 응시생에게 특별히 어려운 문제를 제시하고 싶었다. 이에 문제 제작을 위해 거의 한 시간 동안 시험을 연기했다는 유명한 이야기가 있다. 푸앵카레는 모든 문제를 힘들이지 않고 해결해서 최고 점수를 받았으며, 에콜 폴리테크니크를 일등으로 입학했다.

푸앵카레의 연구

수학 연구 방법

푸앵카레는 쉼없이 거닐면서 머릿속으로 수학을 연구했다. 실제로 많은 학자가 규칙적이고 율동적인 걸음이 정신을 집중시키고 깊은 사고를 자극한다고 말했다. 즉, '다리는 사고의 원동력' 이다. 푸앵카레는 끊임없이 걸어다니는 동안 최고의 사색을 한다고 말했다. 그의 연구는 어떠한 소음에도 방해받지 않았다.

한 사내아이가 푸앵카레에게 '수학적으로 생각하는 방법' 을 물었다는 이야기가 있다. 푸앵카레는 다음과 같이 대답했다. "경사진 모래 길을 찾아라. 걸어서 올라갔다가는 내려오고, 그리고 또다시 올라갔다가는 내려오는 과정을 반복하라. 수학적인 사고는 발바닥의 마찰에 의해 일어난단다."

논문 작성 방법

푸앵카레는 충분히 생각하고 완벽하게 정리한 뒤에 단숨에 논문을 써내려 갔다. 근본적으로 다시 쓰거나 지우는 과정이 없었다. 케일리와 오일러도 또한 이런 방법으로 수학 논문을 작성했다. 머릿속으로 아무리 명확하게 정리했더라도, 이렇게 작성된 논문에 결함이 없을 수 없다. 그런 흔적이 푸앵카레의 논문 일부에서 발견된다고 한다.

이와 대조적으로 지나칠 정도로 세심하게 준비하는 가우스의 논문과 가우스의 좌우명 '적지만 완벽하게'가 회상될 것이다.

연구에 몰두하다

푸앵카레는 식사를 자주 걸렀는데, 자신이 식사를 했는지 안 했는지도 모를 정도였다. 식사가 자신의 중요한 연구를 방해했기 때문에, 그는 이를 매우 싫어했다.

푸앵카레는 연구를 위해서는 무례한 행동도 한 것으로 보인다. 자신이 원하지 않았는데, 어떤 유명한 인사의 방문을 받은 적이 있었다. 푸앵카레는 그의 출현을 알고 있었지만, 연구실을 가로막은 커튼 뒤에서 계속 연구했다. 손님은 한 마디의 소리도 내지 못하고 인내심을 갖고 기다렸다. 한참 뒤 푸앵카레는 커튼 밖으로 머리를 내밀고 "당신은 나를 아주 방해하고 있습니다."라고 큰 소리로 외치고는 재빨리 커튼 뒤로 다시 사라져 버렸다. 그 손님은 그렇게 세 시간을 기다리다가, '얼빠진' 교수가 계속 연구할 수 있도록 남겨둔 채 떠나버렸다.

특수 상대성 이론

푸앵카레가 특수 상대성 이론을 아인슈타인과 거의 동시에 발견했다는 사실은 거의 알려지지 않았다. 호킹Stephen W. Hawking에 따르면, 푸앵카레의 논문은 아인슈타인의 논문보다 겨우 두 주 뒤에 등장했다. 그런데 푸앵카레는 1904년 세인트루이스 만국 박람회에 초청되어 강연했는데, 놀랍게도 주제는 특수 상대성이었다. 이것은 이 주제에 관한 아인슈타인의 유명한 논문이 등장하기 1년 전이었다. 사실, 푸앵카레의 강연은 번역되어 1905년 1월에 잡지 《모인스트The Moinst》 제15권에 발표됐다. 제목은 〈수리 물리학의 원리〉였다. 그 글은 주로 철학적이지만, 요즘 대학 신입생용 물리학 교과서에서 찾아볼 수 있는 것과 같은 내용도 많이 있다. 이는 마이컬슨Michelson · 몰리Morley 실험을 다루었고, 두 명의 관찰자와 함께 광속으로 달리는 기차 여행을 비롯해서 특수 상대성 이론에 관한 친숙하고 표준적인 화젯거리를 많이 논의했다.

오류가 있는 논문과 미완성 논문

푸앵카레는 천체 역학에도 관심이 컸다. 나중에 이 분야의 연구서도 썼다. 스웨덴과 노르웨이 왕 오스카르 2세❶의 환갑(1889)을 축하하는 수학 경연이 1887년에 있었는데, 푸앵카레는 삼체 문제에 관한 논문으로 상을 탔다. 그런데 《수학 동향》에 게재하기 직전에 그 논문에서 오류가 발견됐다. 이에 푸앵카레와 미타그-레플러는 1887년과 1890년 사이에 50통의 편지를 주고받으면서 이에 대해 논의했고, 수정된 논문은 1890년에 발표했다. 흥미롭게도 현재 그 오류는 카오스(chaos, 혼돈) 이론의 효시로 간주되고 있다.

1911년 푸앵카레는 자신이 더 오래 살지 못할 것이라고 예감했다. 12월 9일 한 수학 잡지의 편집자에게 편지를 보내어, 관례에 반해서 그가 대단히 중요하게 생각하는 삼체 문제에 대한 미완성 논문의 출판 가능성 여부를 타진했다. 편집자에게 당대에는 그 문제가 완전히 해결되지 못할 것이며 그의 부분적인 결과가 다른 연구가들을 옳은 길로 유도할 수 있을 것이라고 설명했

❶ Oscar II(1829~1907), 스웨덴 왕(재위 1872~1907)과 노르웨이 왕(재위 1872~1905)

다. 그 논문은 받아들여져서 출판됐다. 그런데 시간이 얼마 지나지 않았을 때 당시 27세였던 미국 수학자 조지 버코프[2]가 그 문제를 완전히 해결했다. 푸앵카레는 1912년 7월 17일 갑자기 죽었다.

수학의 발견 과정

수학적인 발견에서 '준비–잠복–발견' 단계의 과정에 대한 가장 잘 알려지고 가장 많이 인용되는 예는 푸앵카레가 들려준 다음과 같은 이야기다.

> 나는 15일 동안 내가 푸크스 함수라고 부른 것과 유사한 함수가 존재할 수 없음을 증명하려고 애를 썼다. 그런데 당시에는 거의 아무것도 얻을 수 없었다. 매일 책상에 앉아서 한 시간 또는 두 시간을 허비하고 있었다. 상당히 많은 종류의 결합을 시도했지만 아무런 결과도 얻지 못했다. 어느 날 저녁, 평소와 달리, 블랙 커피를 마셨다. 잠을 잘 수가 없었다. 머릿속에서 여러 생각이 큰 무리를 지어 떼지어 다녔다. 한 쌍씩 서로 맞물려 견고하게 결합될 때까지 그것들이 서로 부딪치고 있음을 느낄 수 있었다. 드디어 다음 날 아침까지 푸크스 함수족이 존재한다는 사실을 증명했다. 그것들은 초기하 급수로부터 유도됐다. 단지 결과를 써 내려가면 됐는데, 단지 몇 시간밖에 걸리지 않았다.
>
> 다음으로 나는 두 급수의 몫으로 이런 함수들을 표현해 보려고 시도했다. 이 생각은 완벽하게 의도적인 것이었으며 깊이 생각하고 난 결과였다. 타원 함수와 유사한 함수가 주의를 끌었다. 그것이 존재한다면 그 급수의 성질이 어떠해야만 할 것인지를 나 자신에게 물었다. 그리고 어려움 없이 그 급수를 만들었는데, 그것을 시이타푸크스thetafuchsian 함수라고 불렀다.

[2] George David Birkhoff(1884~1944), 위스콘신, 프린스턴 대학을 거쳐 1912년부터 하버드 대학 교수 역임.

그리고 나는 광산 학교가 후원하는 지질 조사에 참여하기 위해서 내가 한때 살았던 캉으로 떠났다. 촉박한 여행으로 수학을 완전히 잊었다. 짧은 답사를 위해 쿠탕스 Coutances로 가기 위해 우리 일행은 버스를 탔다. 막 버스 계단을 오르려는 순간, 내가 푸크스 함수를 정의할 때 사용했던 변환이 비유클리드 기하학의 변환과 일치한다는 생각이 떠올랐다. 분명히 이에 대해 어떠한 예비적인 생각도 한 적이 없었다. 그것을 증명하지는 않았다. 사실, 버스에 타자마자 다른 사람들과 계속 대화해야 했기 때문에 증명할 시간이 없었다. 그렇지만 즉각 그것이 완벽하게 확실하다고 생각했다. 캉으로 되돌아가면서, 한가한 시간에 내 판단을 만족시키는 그 결과를 증명했다.

그 뒤 나는 어떤 산술 문제에 대해 연구했는데, 손에 잡히는 성공을 많이 거두지는 못했으며 또한 그런 문제가 이전의 연구와 조금이라도 관계가 있는지에 대해 전혀 알고 있지도 않았다. 나는 성공하지 못한 것에 싫증을 느껴서, 해변에서 며칠을 보내려고 떠났으며 다른 것에 대해 생각했다. 어느 날, 낭떠러지를 따라 걷던 중, 삼원 이차 형식의 변환이 비유클리드 기하학의 변환과 일치한다는 생각이 이전과 같이 갑작스럽게 간명하고 명확히 떠올랐다.

캉으로 돌아가는 중에, 나는 이 결과에 대해 깊이 생각해서 몇 가지 결과를 이끌어 냈다. 이차 형식의 예는 초기하 급수와 관련된 변환과 다른 푸크스 군이 존재한다는 사실을 나에게 보여 주었다. 시이타푸크스 함수를 그것에 응용할 수 있다는 사실을 알게 됐으며, 이에 따라 당시까지 알고 있던 유일한 사실인 초기하 급수로부터 유도한 것 이외의 시이타푸크스 함수가 존재한다는 사실 또한 알게 됐다. 자연스럽게 이런 모든 함수를 만드는 일에 착수했다. 체계적으로 연구했으며, 하나씩 하나씩 전체 작업을 진행시켰다. 그렇지만 풀리지 않는 문제가 하나 남아 있었는데, 그것은 전 과정을 궁지에 몰아넣을 수도 있었다. 그런데 노력할수록 이 문제의 어려움을 더욱 분명히 알게 될 뿐이었다. 그것은 그 자체로도 중요성을 가졌다. 나는 전체 과정을 완전히 인식할 수 있었다.

그때, 나는 군복무를 위해 몽발레리앙Mont-Valérien으로 떠났다. 이에 따라 전혀 다른 일에 열중하게 됐다. 어느 날 대로를 가로질러 가는 중에, 나를 중지하게 만들었던 그 어려운 문제에 대한 해법이 갑자기 떠올랐다. 나는 곧바로 해법을 찾아 연구하지 않았으며, 그 문제를 다시 연구하기 시작한 것은 군 복무를 마친 뒤였다. 나는 모든 구성 요소를 갖게 됐으며, 단지 그것들을 모아 순서를 정하는 일만 남게 됐다. 그래서 최종적인 논문을 단숨에 써 내려갔으며, 어떠한 어려움도 없었다.

푸앵카레의 성격과 명성

영웅적인 행동

푸앵카레는 지질학에 대한 관심 때문에 한때 광업 기술자가 되려고 생각했고, 이에 따라 에콜 폴리테크니크를 졸업한 뒤 광산 학교에 입학했다. 도제 기간 중 그가 소속된 광산에서 폭발 사고가 나고 화재가 발생해서 16명이 생명을 잃었다. 푸앵카레는 이 폭발 사고가 있은 직후 구조대의 일원으로 갱도로 내려갔다.

동물 애호가

해밀턴처럼 푸앵카레도 진정한 동물 애호가였다. 그는 처음으로 총을 쏘았을 때, 의도적으로 조준을 하지 않았지만 사고로 새를 쏘아 죽였다. 이 사건에 대단히 충격을 받아서 (의무적인 군사 훈련을 제외하고는) 또다시 총을 잡지 않았다.

문학자

푸앵카레는 수학과 과학에서 일류 연구자였을 뿐만 아니라, 이런 분야의 대중화를 이끈 가장 유능한 사람에 속한다. 그의 값싼 페이퍼백 책들은 매우 잘 팔렸으며, 모든 부류의 사람들에게 널리 읽혔다. 이런 책들은 걸작이었는데, 많은 외국어로 번역됐다. 누구도 따를 수 없을 정도로 명확하고 매력적인 문장으로 내용을 전달했다.

푸앵카레의 대중적인 저작은 문학적으로도 매우 우수했기 때문에, 그는 프랑스 작가가 받을 수 있는 최고의 명예를 얻었다. 즉, 1900년에 프랑스 학사원의 문학 부분의 회원으로 선출됐다. 이 명예는 프랑스의 시인과 소설가는 누구나 간절하게 바라는 것이었다. 수학자 중에서 이런 영광을 얻은 사람은 달랑베르, 라플라스, 푸리에, 피카르 정도였다.

국제적인 명성

푸앵카레는 명성이 높아짐에 따라 과학자들의 국제 회의에 자주 초대받아 연설을 했다. 예를 들면, 1900년의 어느 두 주 동안에 제2차 국제 수학자 대회(International Congress of Mathematicians, ICM)에서 회장으로서 직관과 논리의 역할에 대해 연설했을 뿐만 아니라, 국제 철학 대회에서 역학의 원리에 대해 연설했고 국제 물리학 대회에서는 실험 물리학과 수리 물리학 사이의 관계에 대해 연설했다. 1903년에는 대서양을 건너 미국으로 가서, 세인트루이스에서 열린 국제 기술과학 대회에서 수리 물리학의 미래에 대해 연설했고, 미국의 여러 지역을 방문하기도 했다.

저능인으로 분류되다

푸앵카레는 수학과 과학의 연구가로서 그리고 이에 대한 대중적인 작가로서 그의 능력이 절정에 달했을 때, 비네Binet 지능 검사를 받았다. 이 검사에서 나타난 결과는 매우 충격적이고 불명예스러웠는데, 그는 저능인으로 분류됐다.

대부분의 지능 검사는 천재를 적절히 평가하는 데 실패하는 것으로 보인다. 왜냐하면 천재는 검사 출제자 또는 집행자가 생각했던 것보다 시험 문제의 내용을 더 깊이 생각하기 때문이다. 예를 들면, 비네 시험에 자주 나타나는 전형적인 문제는 다음과 같다. "지금은 8시 20분이다. 시계의 두 바늘을 바꾸면, 시계는 몇 시 몇 분을 나타내는가?" 예상되는 답은 '4시 20분 전' 이다. 그렇지만 정확한 답은 "그런 시각은 없다." 이다. 왜냐하면 시계의 두 바늘을 바꾸면, 작은 바늘은 정확하게 4시를 가리키지만, 작은 바늘이 정확하게 4시를 가리키면 큰 바늘은 12에 놓여야 하며 8 근처에 놓일 수는 없기 때문이다.

실베스터와의 만남

실베스터는 푸앵카레와 매우 친하게 지냈다. 언젠가, 조르당은 실베스터를 축하하기 위한 만찬에 푸앵카레를 포함해서 몇 명을 초대했다. 푸앵카레가 도착했을 때, 실베스터가 열변을 토하고 있었고, 푸앵카레는 인사를 건넬 겨를도 얻지 못했다. 실베스터는 "여러분에게 보여줄 멋진 정리가 있습니다." 라고 말하고는 설명하기 시작했다. 그 순간부터 푸앵카레는 한 마디도 하지 않았고, 자동 인형처럼 먹기만 했다. 식사 뒤에야 푸앵카레는 손님들과 인사를 나누었고, 실베스터에게 "그런데 그 정리는 틀렸습니다." 라고 큰 소리로 말하고는 그 자리에서 그것을 입증했다.

▣ 힐과의 만남

미국 수학회의 제3대 회장이었던 힐❸은 순수 수학에서 두드러진 공헌을 했지만 천문학자로 더 유명했다. 그는 1859년 럿거스Rutgers 대학을 졸업했고, 곧 미 해군 항해력국Nautical Almanac에 들어가 약 30년 동안 그곳에서 근무했다. 천문학에서 그는 대부분의 에너지를 달 운동론에 쏟았고, 수학에서는 미분 방정식, 행렬식, 급수 등을 집중적으로 연구했으며 무한 행렬식을 도입했다. 푸앵카레가 무한 행렬식의 수렴성을 연구하게 만든 것이 바로 힐의 이에 관한 논문이었다. 힐의 다른 연구는 푸앵카레의 과학과 방법Les méthodes nouvelles de la méchanique의 기초를 제공했다.

언제가 미국을 방문한 푸앵카레는 힐을 만날 기회를 얻었다. 푸앵카레가 힐의 손을 잡고 내뱉은 첫 말은 다음과 같았다. "당신은 내가 미국에 와서 만나고 싶었던 유일한 사람입니다."

▣ 유명한 사촌 형제

유명한 수학자가 생존시 훨씬 재능이 부족한 친척 때문에 빛을 잃는 경우가 종종 있었다. 뫼비우스와 그의 아들, 카를 야코비와 형 모리츠 야코비 등의 경우를 생각해 보자. 여기에 푸앵카레의 경우가 있다.

푸앵카레의 할아버지에게는 두 아들 레옹Léon과 앙투안Antoine이 있었다. 레옹은 일류 의사이자 의학 교수가 됐으며, 앙투안은 도로와 다리를 담당하는 정부 부서의 감독관이 됐다. 레옹의 아들인 앙리 푸앵카레는 당시 세계적인 수학자가 됐다. 앙투안의 두 아들 중 한 사람인 레몽❹은 법학을 연구했는

❸ George William Hill(1838~1916)

❹ Raymond Nicolas Landry Poincare(1860~1934), 프랑스의 정치가

데, 여러 차례 수상을 지냈으며 제1차 세계 대전 중에는 프랑스 공화국의 대통령이었다. 앙투안의 또 다른 아들은 중등학교 교장이 됐다.

앙리 푸앵카레와 사촌 레몽은 사이가 아주 나빴던 것으로 보인다. 언젠가 한 모임에서 앙리가 소개됐을 때, 어떤 사람이 물었다. "당신이 레몽 푸앵카레의 사촌입니까?" 그러자 앙리가 대답했다. "절대 그렇지 않습니다. 그가 나의 사촌입니다."

전쟁 기간 중 어떤 사람이 러셀에게 현대에 프랑스가 낳은 가장 위대한 사람이 누구인지를 물었다는 이야기가 있다. 러셀은 조금도 주저하지 않고 '푸앵카레' 라고 대답했다. 질문한 사람은 "무엇이라고! 그 사람이."라며 놀래서 외쳤다. 그 사람은 러셀이 프랑스 공화국의 대통령인 레몽 푸앵카레를 의미한다고 믿었기 때문이었다.

많은 유명한 수학자는 유능한 행정 전문가로서도 능력을 발휘했으며, 종종 대학의 일류 수학자들은 결국 그 대학의 학장이나 총장이 됐다. 푸앵카레는 이런 종류의 능력이나 기술이 전혀 없었던 것으로 보이는데, 이는 프랑스 공화국의 대통령이 된 사촌 레몽과 비교된다.

푸앵카레 추측과 페렐만

최근에 푸앵카레 추측과 이를 증명했다는 러시아 수학자 그리고리 페렐만의 '기행' 이 화제가 되고 있다. 이에 대해 알아보겠다.[5]

구면은 모든 2차원 닫힌 곡면 중에서 가장 간단한 곡면이다. 구면과 유사

[5] 그리고리 페렐만에 관한 내용은 최근의 신문에서 정리했고, 푸앵카레 추측은 다음에서 인용했다. 케이스 데블린 저/허민 역(1999), 《수학: 새로운 황금 시대 제2판》, 경문사, 328-330.

한 n차원 대상을 'n-구면' 이라고 한다. 따라서 통상적인 구면은 2-구면이다. 2-구면이 3차원 입체 공의 표면이듯이, n-구면은 n+1차원 '입체 공' 의 '표면' 이다. 푸앵카레는 20세기 초 고차원 다양체를 연구하기 시작했을 때(이에 따라 현대의 다양체 위상 수학 분야가 시작됐을 때), 매우 자연스럽게 n-구면에 특별한 관심을 기울였다. 2-구면이 2차원 다양체 중에서 특별하듯이 n-구면도 결국 매우 특별해야만 한다. 그는 1904년 자신이 생각했던 n-구면에 관한 매우 그럴듯한 주장을 증명할 수 없었기 때문에 그 주장을 추측으로 공식화했는데, 그 추측은 이 분야에서 가장 유명한 문제가 되었다. 모든 훌륭한 추측과 같이 이것도 기초적이고 서술하기 쉽다.

2-구면 위에 닫힌 회로를 그린다고 가정하자. 그러면 그 회로를 곡면에서 떼지 않고 한 점으로 축소시킬 수 있다(아래 그림의 (i)을 보라). 게다가 구면은 이런 조작이 가능한 유일한 닫힌 곡면이다. 이를테면 아래 그림의 (ii)에 나타낸 것과 같이 원환면 위에 그린 닫힌 회로는 한 점으로 축소시킬 수 없다. 마찬가지로(지금은 그림의 도움 없이 단지 추상적인 수학에만 의지해야 하는데), 3이상의 임의의 n에 대해 n-구면 위에 '그린' 닫힌 회로도 또한 n-구면에서 떼지 않고 한 점으로 축소시킬 수 있을 것이다. 그런데 (이것이 큰 문제인데) 2차원에서와 같이 n-구면은 이런 성질을 가진 n-차원의 유일한 닫힌 다양체일까? '푸앵카레의 추측' 은 이에 대해 '예' 라고 대답한다. (엄밀하게 말하면, 푸앵카레는 단지 3차원 다양체에 대해서만 관심이 있었다.)

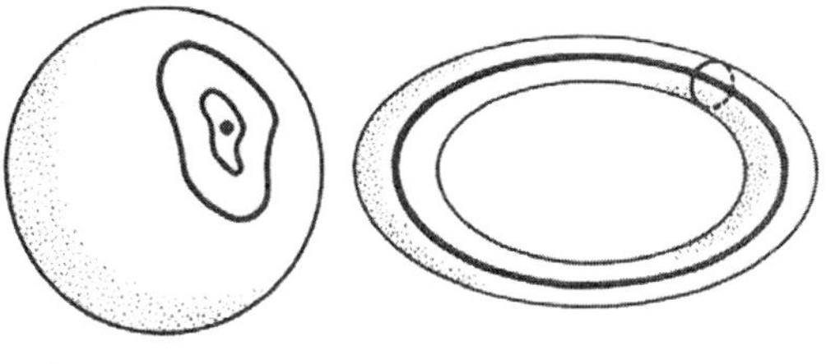
(i) (ii)

대단히 많은 노력에도 불구하고 푸앵카레의 추측을 증명하는(또는 반증하는) 문제는 오랫동안 해결

스메일

프리드먼

되지 않았는데, 1960년에 미국의 수학자 스메일[6]은 5 이상의 모든 차원에서 푸앵카레이 추측이 정당함을 증명했다. 그런데 스메일의 방법은 3 또는 4차원에 적용되지 않는다. 그 뒤 거의 20년이 지난 뒤에야 이 문제는 4차원에 대해 풀렸다. 이번에도 미국인이 풀었다. 1981년 프리드먼[7]은 4-구면에 대한 푸앵카레의 추측을 증명하기 위해서 스메일의 발상과 카슨Andrew Casson의 연구에 의지했다. 프리드먼의 결과는 4차원 다양체에 관한 훨씬 더 일반적인 결과의 특수한 경우로 나타났다.

이제 3차원에 관한 문제만 남았는데, 이것은 그 추측이 원래 공식화되었던 경우이다. 일류 수학자들이 대단히 많은 연구를 시행했지만, 최근까지도 미해결 상태로 남아 있었다. 푸앵카레 추측은 그 중요성과 난이도 때문에, 2000년 미국 클레이 수학 연구소Clay Mathematics Institute가 선정한 '밀레니엄 7대 난제' 중 하나로 선정되어, 이에 대한 풀이에는 100만 달러의 상금이 붙었다.

드디어 2003년, 러시아 수학자 페렐만[8]은 푸앵카레 추측의 증명을 인터넷에 올리고 미국 몇 개 대학에서 짧게 순회한 뒤 고국으로 돌아갔다. 그런데 2003년 상트 페테르부르크로 돌아간 뒤에는 어떤 초대에도 응하지 않았고

❻ Stephen Smale(1930~), 미국 미시간 대학에서 학사 · 석사 · 박사(1957) 학사를 취득했고, 고등 학술 연구소(1958~60) 연구원, 버클리의 캘리포니아 대학(1960~61) 조교수, 컬럼비아 대학(1961~64)을 거쳐 다시 버클리의 캘리포니아 대학에서 1964년부터 1995년 은퇴할 때까지 가르쳤다. 1966년에 필즈 메달을 받았다.

❼ Michael Freedman(1951~), 1968년 버클리의 캘리포니아 대학에 입학했다가, 1969년에 프린스턴 대학으로 옮겼으며 이곳에서 1973년에 박사 학위를 받았다. 버클리의 캘리포니아 대학 강사(1973~75), 고등 학술 연구소(1975~76)를 거쳐 샌디에고의 캘리포니아 대학 조교수(1976), 부교수(1979), 정교수(1982)로 가르치고 있다. 1986년 푸앵카레 추측에 관한 연구로 필즈 메달을 받았다.

❽ Grigory Perelman(1966~)

이메일도 받지 않았다. 연구소를 그만둬 어디에 있는지도 알 수 없었다.

페렐만

그가 사라진 뒤 세계 수학계는 그의 주장을 토대로 책 한 권 분량의 세부 증명을 완성했다. 브루스 클레이너 예일대 교수와 존 로트 미시간대 교수 팀, 존 모건 컬럼비아대 교수와 강톈 프린스턴대 교수 팀의 증명은 클레이 수학 연구소의 인정을 받았다. 최근에는 주시핑朱熹平 중국 중산中山대 교수와 차오화이둥曹懷東 르하이대 교수 팀이 증명을 완성했다고 주장했다. 페렐만은 이와 같은 세부 증명을 얻기 위한 거의 완벽한 해답을 제시했다는 것이 결론이다.

제임스 칼슨 클레이 수학연구소 회장은 "세부 증명이 완성됨에 따라 이들 증명이 앞으로 2년 동안 반박을 물리칠 경우 100만 달러의 상금이 수여된다."며 "페렐만이 상금의 전부 혹은 일부를 받지 못할 이유가 없다."고 말했다. 2006년 8월 22일부터 스페인 마드리드에서 열린 국제 수학자 대회에서는 그가 수학계의 노벨상 격인 '필즈 메달' 수상자 4명 가운데 1명으로 뽑혔다.

연락이 끊겼던 페렐만은 슈테크로프 수학연구소를 2005년 12월에 그만둔 뒤 상트페테르부르크의 누추한 아파트에서 노모의 연금(한 달 약 5만 4000원)에 의지해서 살고 있었다고 한다. 그의 한 친구는 그가 "나는 정말 (수학적) 재능이 없다."는 무기력증에 빠져 은둔중이라고 전했다.

페렐먼은 상트페테르부르크에서 태어나 16세 때 국제 수학 올림피아드에서 만점을 받으며 재능을 인정받았다. 동료로부터 수줍음 많고 물질적 부에 관심 없는 비세속적 인물이라는 평을 받았는데, 1990년대 초반 미국에서 박사 후 과정의 연구원으로 일할 당시에도 스탠포드 대학과 프린스턴 대학으로부터 교수직을 제의 받았는데, 이를 모두 뿌리치고 러시아로 돌아갔었다. 당시 동료였던 로스앤젤레스의 캘리포니아 대학 로버트 그린 박사는 "그는 물질적 부에 관심이 없는 탈속한 사람처럼 보였다. 외모는 긴 머리에 손톱까지 길어 러시아 제정 말기의 괴승 라스푸틴[9]을 연상시켰다."고 말했다. 명예에도 초연해서 1996년엔 유럽 수학회가 주는 '젊은 수학자상'을 거절하기도 했다.

클레이 수학 연구소의 100만 달러 상금에도 관심이 없는 페렐만은 이번 필즈 메달 수상도 끝내 거부했다. 국제 수학 연맹(International Mathematical Union, IMU)의 존 볼 회장은 스페인 마드리드에서 열린 제25차 국제 수학자 대회에서 페렐만이 메달 수상을 거부했다고 공식 발표했다. 이 상의 수상을 거부한 첫 번째 인물로 기록됐다.

[9] Grigoriy Efimivich Rasputin(1872~1916), 러시아의 수도사로서 제정 말기에 궁정의 막후 인물이었다. 총알 여섯 발인가를 맞고도 숨이 끊어지지 않고 되레 저격자들에게 달려들었다는 얘기로 유명하다.

피카르 Charles Émile Picard

1856~1941

피카르는 1856년 7월 24일 프랑스 파리에서 태어났다. 에콜 노르말 쉬페리외르를 입학 시험에서 일등으로 합격하고 다녔으며, 1877년 교수 자격 취득 시험에서도 일등으로 합격했다. 그 뒤 에콜 노르말 쉬페리외르 조교, 1878년 파리 대학 강사, 1879년 툴루즈 대학 교수, 1881년 에콜 노르말 쉬페리외르의 역학과 천문학 강사가 됐다. 1885년에 소르본 대학 미분 적분학 교수가 됐고, 1887년에는 해석학 및 고등 대수학 교수가 됐다.

피카르는 복소 해석학에서 '피카르의 정리'를 1879년에 발견했다. 1889년 프랑스 과학원 회원, 1917년에는 종신 서기가 됐다. 1924년에는 프랑스 학사원 회원으로 선출됐다.

수학만 빼고 모든 과목에서 뛰어난 학생

피카르는 리세를 다닐 때, 거의 모든 과목에서 뛰어났는데, 특히 그리스와 라틴 시를 잘 번역했다. 그런데 수학은 싫어했다. 특히 기하학을 싫어했는데, 그저 "벌을 받지 않기 위해서 외워버렸다."

그런데 리세를 마친 뒤 방학 기간에 대수학 책을 읽다가 갑자기 수학의 매력에 빠지게 됐다. 에콜 폴리테크니크과 에콜 노르말 쉬페리외리의 입학 시험을 모두 치렀는데, 각각 이등과 일등으로 합격했다. 공학도를 양성하는 에콜 폴리테크니크보다 순수 과학 연구에 더 큰 비중을 둔 에콜 노르말 쉬페리외리를 선택했다.

전쟁의 참화

피카르는 평생 동안 전쟁의 피해를 입었다. 그가 어렸을 때 프로이센 · 프랑스 전쟁(1870~71)이 일어났다. 피카르의 아버지는 당시 비단 공장의 운영하고 있었는데, 프로이센이 파리를 점령하고 있을 때 사망했다. 이에 어머니는 피카르와 남동생을 양육하기 위해 갖은 고초를 겪어야 했다.

피카르는 1881년 스승 에르미트의 딸과 결혼했다. (이 해에 프랑스 과학원 수학부 회원의 후보자로 지명됐다.) 그들은 2남 1녀의 두었는데, 제1차 세계 대전 중 모두 사망했다. 손자들은 제2차 세계 대전중 부상하거나 포로가 됐다.

표절자 뒤파헬

뒤파헬Maurice de Duffahel은 상당히 많은 수학 대가의 고전적인 논문을 자신의 이름으로 다시 발표함으로써 일시적인 명성을 얻었었다. 그는 그런 논문을 거의 고치려고 하지도 않았다. 1936년에는 피카르가 24년 전에 발표한 논문을 이렇게 부정한 방법으로 발표했다. 뒤파헬의 논문은 용어와 기호에서 피카르의 논문과 완전히 동일했는데, 뒤파헬은 원저자가 그 이전의 자신의 논문을 인용한 주석을 어쩔 수 없이 삭제해야만 했다. 피카르 · 뒤파헬 논문을 심사한 사람은 피카르의 업적을 매우 잘 알고 있었기 때문에 표절한 사실을 밝혀냈다. 이에 따라 듀파헬의 출판 경력은 슬픈 종말을 고하게 됐다. 할모스❶는 "당신은 일시적으로 몇 명의 편집자를 속일 수는 있지만, 모든 시대의 모든 심사 위원을 속일 수는 없다."라고 지적했다.

❶ P. R. Halmos(1916~2006), 미국의 수학자

룽게 Carl David Tolme Runge

1856~1927

룽게는 1856년 8월 30일 독일 브레멘에서 태어났다. 뮌헨 대학에 입학해서 문학을 공부하다가 6주만에 수학과 물리학으로 바꾸었다. 이때, 막스 플랑크❶를 만나 친하게 지냈다. 1877년에 두 사람은 함께 베를린 대학으로 갔는데, 룽게는 바이어슈트라스의 강의를 들은 뒤에 순수 수학을 전공하기로 결정했다. 1880년 미분 기하학을 다룬 논문으로 박사 학위를 받았고, 중등학교 교사 자격 시험을 치른 뒤에 다시 베를린 대학으로 가서 크로네커와 함께 연구했다. 1886년 하노버 공과 대학을 거쳐 1904년 괴팅겐 대학에서 독일 최초의 응용 수학 교수가 되어 1925년 은퇴할 때까지 그 자리를 지켰다. 수치 계산, 도표 계산에 관한 연구로 유명하다.

계산가

1904~5년 겨울 학기에 뛰어난 수학자 · 물리학자 룽게가 괴팅겐 대학 교수가 됐다. 그래서 목요일마다 함께 산책을 하던 클라인, 민코프스키, 힐베르트의 삼인조는 곧 사인조가 됐다.

룽게는 계산 실력이 대단했기 때문에 동료들마저도 놀라게 했다. 언젠가

❶ Max Karl Ernst Ludwig Planck(1858~1947), 독일의 이론 물리학자

그들은 몇 년 뒤에 개최될 모임의 스케줄을 짜고 있었는데, 부활절 날짜를 알 필요가 있었다. 그런데 부활절은 음력에 따라 결정되기 때문에, 날짜를 쉽게 확인할 수 없었다. 그래서 수학자들은 달력을 찾기 시작했다. 그러나 룽게는 잠시 서서 생각하고는 필요한 날짜를 알려주어 동료들을 깜짝 놀라게 했다.

▣ 스키 강습

괴팅겐 대학 교수 중에서 만능 스포츠맨이었던 룽게는 대학에 스키를 도입했다. 힐베르트와 몇 명의 젊은 강사는 룽게의 지도 아래 고생스럽지만 즐거운 운동을 배우기로 결정했다.

어느 날 괴팅겐 수학 클럽의 주 모임에서, 힐베르트는 친구 민코프스키에게 그 날 아침에 스키를 타다가 겪은 곤경을 토로했다. 개골창에 거꾸로 빠졌고 두 다리가 하늘을 향했었다고 말했다. 바로 그때 스키 하나가 발에서 떨어져 언덕 아래로 미끄러져 내려갔다. 그래서 나머지 스키를 벗어 들고는 사라진 스키를 찾기 위해 눈 속에 깊이 빠져가면서 언덕 아래로 걸어 내려가야만 했다. 그런데 이렇게 걷기가 결코 쉽지 않았었다는 말로 힐베르트는 결론지었다.

스키 타기를 좋아하지 않았던 민코프스키가 물었다. "왜 먼저 나머지 스키를 처음 스키가 내려간 길을 따라 내려보내지 않았었습니까? 그러면 그 스키는 처음 스키 옆에 내려가 있지 않겠습니까?"

힐베르트가 대답했다. "아, 그런데 룽게는 결코 그런 것을 가르쳐주지 않았습니다!"

페아노 Giuseppe Peano

1858~1932

페아노는 1858년 8월 27일 이탈리아 쿠네오Cuneo 근처의 농촌에서 태어났다. 1876년 토리노 대학에 입학해서 수학을 배웠고, 1880년 박사 학위를 취득했다. 곧바로 모교의 교원이 되어, 조교를 거쳐 1884년에 교수 자격을 취득했고 1890년에 교수가 되어 모교에서 평생을 보냈다. 1886년부터 1901년까지 토리노에 있는 사관 학교에서도 가르쳤다.

페아노는 미분 방정식을 연구했으며, 1889년 자연수에 대한 공리를 만들었고, 1890년에는 평면의 모든 점을 지나는 '페아노 곡선' 을 구성했다.

가문의 영광을 위한 투자

주세페 페아노가 태어난 곳은 쿠네오로부터 5킬로미터 떨어진 농촌이었다. 처음에는 동네에 있는 초등학교를 다니다가 쿠네오에 있는 학교로 전학했다. 매일 5킬로미터를 걸어서 등하교해야 했다. 얼마 뒤 아버지는 쿠네오에 집을 장만하고, 어머니를 그곳에 머물게 하고 주세페와 형을 돌보게 했다. 그리고 자신은 나머지 자녀와 함께 농촌에서 농사를 지었다.

주세페에게는 토리노에서 성직자와 변호사로 일하고 있던 외삼촌이 있었다. 외삼촌은 조카 주세페가 매우 재능이 뛰어난 아이임을 알게 됐다. 이에 주세페를 1870년에 토리노로 데리고 가서 중등학교를 보냈고, 대학 교육도시켰다.

공간을 채우는 곡선

1890년 페아노는 정사각형의 모든 점을 통과하는 최초의 연속 곡선을 고안했고, 연속 곡선이 일차원일 필요가 없으며 면을 채울 수 있음을 보였다. 그 곡선은 곡선들의 무한 수열의 극한으로 정의된다. 페아노는 이런 수열에서 하나의 곡선을 선택해서 하얀 타일 위에 검은 타일로 표현해서 자신의 집 테라스를 장식했다.

페아노 곡선은 무수히 많은 중복 점을 가진다. 이에 따라 이런 결함이 없이 면을 채우는 연속 곡선이 힐베르트(1891)와 시에르핀스키[1](1912) 및 다른 사람들에 의해 고안됐다. 다음 그림의 (a), (b), (c)는 각각 힐베르트 곡선에 대한 처음 세 개의 근사 곡선 p_1, p_2, p_3을 보여준다.

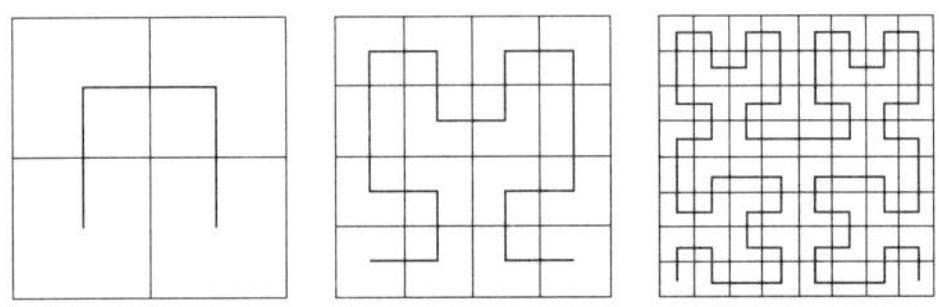

(a) (b) (c)

힐베르트 곡선 p는 $p=\lim_{n\to\infty} p_n$으로 정의된다.

오류 사냥꾼

페아노는 반례를 찾아냄으로써 제시된 정리의 부정확성을 밝혀내는 재주가 뛰어났다. 이런 오류를 지적 받은 사람은 즐거울 리 없었는데, 그의 동료인 세그레[2]도 그랬다. 세그레는, 페아노가 1891년에 창간했으며 주로 논리학

[1] Waclaw Sierpinski(1882~1969), 폴란드의 수학자

[2] Corrado Segre(1863~1924), 이탈리아의 수학자로 토리노 대학에서 공부하고 1888년부터 모교의 교수로 평생 동안 가르쳤다.

과 수학의 기초에 관한 논문을 게재하는 잡지[3]에 논문을 투고했는데, 페아노는 그 논문의 몇 개의 정리에 대한 반례가 있다고 지적했다. 그러자 세그레는 반례를 배제하는 조건을 추가함으로써 정리를 수정하지 않고, 수학적 사실의 발견이 엄격한 공식화보다 중요하다는 말로 자신의 연구 결과를 옹호했다.

❸ *Rivista di matamatica*

후르비츠 Adolph Hurwitz

1859~1919

후르비츠는 1859년 3월 26일 독일 힐데스하임Hildesheim에서 태어났다. 1877년 뮌헨 대학에 들어가 클라인의 강의를 들었으며, 1877~78년에 베를린 대학으로 옮겨서 쿠머, 바이어슈트라스, 크로네커의 강의를 들었다. 베를린에서도 클라인과 접촉하면서 연구를 계속했는데, 1879년 뮌헨 대학과 1880년 라이프니츠 대학에서 클라인의 지도로 1881년 박사 학위를 취득했다. 1882년 괴팅겐 대학에서 교수 자격을 취득한 뒤에 베를린 대학에서 공부하다가, 1884년 쾨니히스베르크 대학의 조교수가 됐다. 1892년에는 취리히 공과대학 교수가 되어 여생을 그곳에서 보냈다.

▣ 훌륭한 학생

후르비츠는 1877~78년 베를린 대학에서 공부할 때, 바이어슈트라스의 한 학기 강좌 '해석 함수론 입문' 을 수강했다. 이때, 후르비츠는 강의 내용을 충실하게 기록했는데, 이것은 나중에 책으로 출판될 정도였다. 그 책에는 바이어슈트라스의 실수의 '구성' 과 $\varepsilon-\delta$ 방법으로 이루어진 해석학의 산술화 과정과 거듭제곱 급수에 근거한 복소 함수론이 포함되어 있다.

격언 작가

후르비츠는 글을 쓸 때, 꼭 필요하고 적절한 말을 골라서 명확하게 서술했다. 클라인은 19세기 수학사에서 후르비츠를 '격언 작가'라고 불렀다. 격언은 간결하지만 무게 있는 말이다. 격언은 짧지만, 작가는 그렇게 짧게 만들기 위해 오랫동안 고심했을 것이다. 후르비츠의 논문은 격언과 같다. 그는 폭넓은 수학 지식으로 놀랍도록 간단한 답을 얻을 수 있는 무게 있는 문제에 초점을 맞추어서 완벽한 형태로 답을 제시했다.

우정과 의리

후르비츠는 겸손하고 친근한 사람으로 주위 사람들의 사랑을 받았다. 그는 유대인 집안에서 태어났는데, 어머니는 그가 겨우 3세 때 사망했다. 아버지는 제조업에 종사했는데, 성공적이지는 못했다. 아들을 대학에 보낼 여유가 없었다. 그렇지만 그의 재능을 잘 알고 있던 친구의 재정적인 도움으로 대학에 진학할 수 있다.

후르비츠는 린데만의 초청으로 1884년 쾨니히스베르크 대학의 조교수가 되어 그곳에서 8년을 보냈다. 이때 힐베르트와 민코프스키를 가르쳤는데, 그 뒤 그들은 평생 동료가 됐다. 민코프스키는 쾨니히스베르크를 떠나 본 대학으로 간 뒤에도, 방학 때마다 쾨니히스베르크로 돌아가서 매일 세 사람은 함께 산책을 즐겼다.

후르비츠는 1892년 취리히 공과 대학의 교수직을 수락하고 겨우 몇 주가 지났을 때, 괴팅겐 대학으로부터 교수직을 제의 받았다. 누구나 괴팅겐과 같이 독일의 지도적인 대학의 교수직을 스위스의 어떠한 교수직보다 훨씬 더 선망할 것이다. 그런데 의리를 존중한 그는 자신의 말을 지키려고, 괴팅겐의 제의를 거부했다.

논문 지도

다음은 폴리아[1]가 전한 이야기다.

나는 한번도 후르비츠가 공개적으로 신랄한 말을 입 밖에 낸 경우를 보지 못했다. …그는 교수의 의무를 성실히 수행해서 많은 박사 학위 지망자를 돌봐 주었는데, 그들을 큰 애정과 인내로 대했다. 많은 사람 중에서 어떤 사람은 대단히 많은 도움을 필요로 했는데, 그렇게 인내심이 많은 후르비츠도 다음과 같은 말을 하게 만들었다. "박사 학위 논문은 분통 터지는 상황 속에서 쓰인 지도 교수의 논문이다."

[1] George Polya(1887~1985), 헝가리 출신의 미국 수학자로 스탠퍼드 대학 교수를 지냈다.

민코프스키 Hermann Minkowski

1864~1909

민코프스키는 1864년 6월 22일 (현재의) 리투아니아에서 태어났는데, 1872년 그의 가족은 독일 쾨니히스베르크로 이주했다. 쾨니히스베르크와 베를린 대학에서 공부하고, 1885년 쾨니히스베르크 대학에서 박사 학위를 취득했다. 민코프스키는 대학 재학시에 힐베르트를 만나 평생을 동지로 보냈다. 당시 그는 힐베르트보다 두 살 더 어렸지만, 대학 시절에는 선배였고 학문적으로도 그를 앞서 있었으며 그를 지도하는 입장이었다.

민코프스키는 본 대학(1887~1894)과 쾨니히스베르크 대학(1894~1896), 취리히 공과 대학(1896~1902)에서 가르쳤다. 그 뒤 1902년 괴팅겐 교수가 됐다. 민코프스키가 고안한 '시공간 연속체'는 뒷날 아인슈타인의 일반 상대성 이론을 세울 때 중요한 역할을 했다.

신동

민코프스키는 대단히 창조적인 천재였다. 학창 시절에도 수학에서 매우 뛰어난 재능을 보였는데, 교사가 칠판에서 수학 문제를 풀다가 막히면 학생들은 "민코프스키, 도와드려!"라며 합창했다고 한다.

민코프스키는 김나지움에 다니던 18세 때 자연수를 제곱수 5개의 합으로 표현하는 것과 관련된 논문으로, 당시 57세였던 스미스[1]와 공동으로 모든 사람이 탐내는 프랑스 과학원의 수학 대상을 받았다. 그는 시간이 부족했기 때문에, 자신의 논문을 프랑스어로 번역하지도 않았지만 그 상을 탈 수 있었다. 프랑스어로의 번역은 그 대회의 규칙 중 하나였다. 불행하게도 스미스는 이 과학원의 시상식이 있기 두 달 전에 죽었다.

스미스

관대함

민코프스키는 매우 호감이 가는 수학자였다. 제자 및 동료들과 한결같이 다정한 관계를 유지했으며, 다른 사람에게 결코 인색하지 않았다. 젊은 시절 베를린 대학생이었을 때, 뛰어난 수학 재능으로 상금을 탔지만, 그 돈을 더 필요로 하는 한 급우에게 조용히 돌려주었다. 가족들조차도 이 사실을 알지 못했으며, 그 급우의 형제가 이 사실을 이야기한 뒤에야 알게 됐다.

오만함

민코프스키는 점잖고 겸손한 사람이었으며, 오만한 행동을 결코 용납하지 않았다. 그런데 위상 수학을 강의하다가 사(4)색 문제에 대해 언급한 적이 있었다. 그는 학생들에게 사색 문제는 풀리지 않고 있는데, 이류 수학자들이 이 문제를 연구했기 때문이라고 말했다. 자신이 이 문제를 증명할 수 있을 것이라고 생각했다. 그래서 곧바로 수업 중에 증명을 시도했다. 다음 수업 중에도 증명을 시도했으며, 여러 주 동안 수업 중에 다루기 어려운 이 문제를 증명하려고 애썼다.

❶ Henry John Stephen Smith(1826~1883), 아일랜드 출신의 수학자로, 옥스퍼드의 볼리올(Balliol) 대학에서 공부했고 1849년 수학과 고전 두 분야에서 모두 일등으로 졸업했다. 그 뒤 특별 연구원과 강사를 거쳐, 1860년 새빌의 기하학 교수가 됐다.

비가 내리던 어떤 아침, 강의실에 막 들어가려고 할 때, 큰 천둥이 쳤다. 민코프스키는 학생들 앞에서 매우 심각한 표정을 지으며 말했다. "하늘이 나의 오만함에 노여워하고 있습니다. 나 또한 사색 문제를 증명할 수 없습니다."

사색 문제는 최근에 컴퓨터의 도움을 받아 증명됐다.

▣ 통계 자료의 해석

클라인은 학과 모임에서 독일의 중학교들에 관한 통계 자료를 큰 칠판에 가득히 쓴 적이 있었다. 이 자료를 통해 어떤 교육 개혁을 시도하려고 했다. 동료들을 돌아보며 질문이 있는지를 물었다. 민코프스키가 조용히 질문했다. "예, 있습니다. 이 수치 중에는 이상하게도 소수가 매우 많이 포함되어 있다고 생각하지 않습니까?"

▣ 아인슈타인에 대한 평가

민코프스키는 괴팅겐 대학생들에게 상대성 이론에 대한 아인슈타인의 표현은 수학적으로 서투르다고 이야기하곤 했다. 그는 "아인슈타인은 취리히 대학에서 나에게 수학을 배웠기 때문에 나는 이렇게 말할 수 있다."라고 말했다.

4차원 시공 개념은 1905년 아인슈타인의 (특수) 상대성 이론에서 비롯되지 않았다. 민코프스키는 1908년 상대성 이론에 수학의 불변 이론과 함께 4차원 시공 좌표를 도입했다. 물론, 민코프스키의 상대론이 등장하기 이전에 이미 전자기 현상을 설명하기 위해서 시간과 공간으로 구성되는 4차원 좌표를 연구한 사람이 있었다. 프랑스의 유명한 수학자 · 과학자였던 푸앵카레가 대표적인 인물이다. 그러나 그는 4차원의 비유클리드 기하학의 실재성을 인정하지 않았고, 상대주의적인 지식관에 따라 기하학에 대한 규약주의적인 입장만을 견지했다. 반면에 민코프스키는 상대론에서는 4차원 세계가 절대적이고 실재적인 의미를 가지며, 아인슈타인 역시 4차원 시공 세계의 절대성을 받아들였다.[2]

도피의 수단

수학자들은 학문에 몰두함으로써 인생의 굴곡을 대처하는 강인한 힘을 얻은 듯이, 개인의 불행과 가정의 불행을 다른 사람들보다 일반적으로 훨씬 냉철하게 대처해 나아가는 것으로 보인다는 말이 있다. 민코프스키는 이것이 옳은 설명이 아니라고 했으며, 수학자들은 수학 연구를 통해 자신의 슬픔으로부터 도피하는 수단을 발견한 것에 지나지 않는다는 의견을 개진했다.

민코프스키의 죽음

민코프스키는 어느 일요일 오후 저녁 식사 뒤 갑작스런 맹장 파열로 고통을 받았는데, 그 날 밤 수술을 받아야 했다. 다음 날 상태가 더욱 악화됐다. 자신의 병세가 가망이 없음을 느끼자 병상에 누워 자신의 최근 논문을 교정하려고 했다. 살아서 훨씬 더 많은 것을 이루고 싶었던 그는 힐베르트에게 자신의 운명에 대해 유감을 나타냈다. 그는 또한 다음 수학 세미나에서 워링 문제에 대한 힐베르트의 강의를 들을 수 없음을 걱정했다. 민코프스키는 1909년 1월 12일 화요일 정오 가족과 힐베르트를 불렀다. 힐베르트가 병원에 도착했을 때 민코프스키는 이미 죽은 뒤였다.

❷ 김영식 · 임경순, 《과학사신론》, 다산출판사, 1999, p. 261.

참고 문헌

김승욱, 《짧게 그러나 완벽하게》, 교우사 2002.

김영식 · 임경순, 《과학사신론》, 다산출판사 1999.

브루스 쉐흐터(Bruce Schechter) 저/ 박영훈 역, 《화성에서 온 수학자》, 지호 1999.

사이먼 싱(Simon Singh) 저/ 박병철 역, 《페르마의 마지막 정리》, 영림카디널 1998.

샌더슨 스미스 저/ 황선욱 역, 《수학사 가볍게 읽기》, 한승 2002.

에릭 템플 벨(Eric Temple Bell) 저/ 안재구 역, 《수학을 만든 사람들》 상 · 하, 미래사 1993.

조지 G. 슈피로(George G. Szpiro) 저/ 심재관 역, 《케플러의 추측》, 영림카디널 2004.

케이스 데블린 저/ 허민 역, 《수학: 새로운 황금 시대》 제2판, 경문사 1999.

폴 호프만 저/ 신현용 역, 《우리 수학자 모두는 약간 미친 겁니다》, 승산 1999.

하워드 이브스 저/ 허민 · 오혜영 역, 《수학의 위대한 순간들》 개정판, 경문사 2003.

Dunham, William, *Journey through Genius - The great theorems of mathematics*, John Wiley & Sons Inc. 1990.

Eves, Howard W., *In Mathematical Circles*, Quadrants I and II, PWS-Kent Pub. Com. 1969. Mathematical Association of America 2003.

Eves, Howard W., *In Mathematical Circles*, Quadrants III and IV, PWS-Kent Pub. Com. 1969. Mathematical Association of America 2003

Eves, Howard W., *Mathematical Circles Revisited*, PWS-Kent Pub. Com. 1971. Mathematical Association of America 2003.

Eves, Howard W., *Mathematical Circles Squared*, PWS-Kent Pub. Com. 1972. Mathematical Association of America 2003.

Eves, Howard W., *Mathematical Circles Adieu*, PWS-Kent Pub. Com. 1977.

Mathematical Association of America 2003.

Eves, Howard W., *Return to Mathematical Circles*, PWS-Kent Pub. Com. 1988. Mathematical Association of America 2003.

Eves, Howard W., *Mathematical Reminiscences*, The Mathematical Association of America, 2001.

Halmos, Paul R., *I Want to Be a Mathematician*, MAA 1985.

Hollingdale, Stuart, *Makers of Mathematics*, Penguin Books 1989.

James, Ioan, *Remarkable Mathematicians - from Euler to von Neuman*, The Mathematical Association of America, 2002.

Krantz, Steven G., *Mathematical Apocrypha - Stories and Anecdotes of Mathematicians and the Mathematical*, The Mathematical Association of America 2002.

MacTutor History of Mathematics archive
〈http://www-groups.dcs.st-and.ac.uk/~history〉

Wells, David, *The Penguin Book of Curious and Interesting Mathematics*, Penguin Books 1997.

찾아보기 INDEX

인명

가

가우스 16~45, 60, 74, 75, 83, 84, 89~91, 95, 96, 101, 134, 155, 157, 180, 182, 189, 223, 226
가우스(오이게네) 39
갈루아 58, 83, 123, 136~142, 170, 177
게오르기우스 5세(왕) 43, 44
게젠니우스 99
구노 152
구더만 153
그라스만 129~131
그레고리(던컨) 143, 160
그레고리(제임스) 143
그린 78~79, 143
기브스 185

나

나이팅게일 146
나폴레옹(황제) 5~7, 10~13
나폴레옹 3세(왕) 58
네토 148
뇌터 157
뉴턴 13, 19, 21, 28, 33, 65, 81, 82, 90, 206

다

다르부 197
단테 44
달랑베르 155, 231
데겐 82, 86
데데킨트 189~190, 199, 201
데카르트 124
도지 8
도지슨 ☞ 루이스 캐럴
돕마이어 43
뒤부아레몽 219
뒤아멜 168, 171
뒤파헬 240
드 모르간 42, 73, 112~120, 143, 160, 162
드리갈스키 44
디리클레 25, 47, 101~103, 123, 134, 174, 177, 178, 189, 200
디포 116

라

라그랑주 6, 7, 16, 31, 32, 49, 55, 82, 137, 155, 160
라이프니츠 65
라스푸틴 238
라크루아 7, 52, 57, 65, 122, 160
라플라스 6, 7, 31, 32, 35, 42, 49, 160, 231
란크초스 182
람베르트 94
러셀 161, 234
로바체프스키 20, 25, 74~75, 89, 93, 95
로베스피에르 5
로스 경 110
로웰 126
루이스 캐럴 207, 208
루이 16세(왕) 13

루이 18세(왕) 7
루이 필리프(왕) 57, 58, 140
룽게 213, 241, 242
뤼브센 31
르 블랑 16
르장드르 16, 17, 85, 86, 95, 121, 137, 179
리 196~198, 213
리만 157, 174, 177~184, 189, 200
리벤트로프 40, 41
리브리 17, 57, 122
리샤르 137, 138, 170
리스팅 62
리어 왕 31
리우빌 17, 57, 121~124, 141, 142, 200
린데만 83, 84, 169, 176, 247
린델뢰프 210
립쉬츠 200

마
마셰로니 11, 12
맥스웰 185~187
메이어 124
멘델스존 102
모건 175
몰바이데 60, 61
몽되 56
몽주 5~7, 11, 13, 26, 53
몽튀클라 14
뫼비우스 47, 60~63, 233
미타그-레플러 173, 199, 201, 209~212, 214, 221, 227
민코프스키 241, 242, 247, 249~252

바
바르텔스 20, 74
바이런 44, 73
바이슈케 61
바이어슈트라스 106, 134, 135, 153~158, 173, 174, 176, 177, 191, 199, 200, 209, 210, 217, 219, 221, 241, 246
발데스 118
버코프(조지) 228
베그샤이더 99
베르니에 137
베르트랑 171
베버 27, 35, 36, 62
베비지 64~73
베셀(카스퍼) 25
베셀(프리드리히) 34, 99
베일리 42, 43
벨 110
볼 29, 31
볼리아이(야노스) 25, 75, 89~95
볼리아이(파르카스) 29, 89~92, 94
볼펜뷔텔 18, 21
불 159~162
뷔트너 19, 20
브레머 44
브로우베르 177
브리튼 사람 115
비오 122
빅토리아(여왕) 35, 207
빌헬름 3세(왕) 41

사
사케리 94
샤를 10세(왕) 57
서머빌 73
세그레 244, 245
소크라테스 116
손더슨 169
쇼케 124
쇼펜하우어 72

슈바르츠 134
슈발리에 136, 141
슈타이너 30, 129, 174, 178
슐레플리 150
스메일 236
스미스 249, 250
스콧 33
스토크스 118, 185
스투디 198
스튀름 122~124, 171
스티븐슨 187
시에르핀스키 244
실러 44
실로우 196
실베스터 79, 143~152, 163, 165, 167, 191, 232
심슨 165

아

아그네시 15
아다 73
아라고 121
아르강 24, 25
아르키메데스 14, 15, 19, 21~23, 33
아벨 47, 58, 80~88, 96, 98, 137, 139, 169
아셰트 52, 85
아이젠슈타인 33, 178
아인슈타인 79, 157, 181, 226, 227, 251
알트호프 214
앙페르 52, 85, 121
애벌라인 26
애벗 10
야코비(모리츠) 100, 233
야코비(카를) 85~87, 96~100, 132, 157, 177, 178, 233
어데어 경 109
에르미트 81, 84, 123, 167~173, 178, 201, 209, 222, 240
에른스트 아우구스트 2세(왕) 35
에리스 90
에발트 35~38
에베레스트 161
에어리 110
에팅하우젠 124
엥겔 198
오서만 183
오스카르 2세 227
오스트로그라드스키 218
오일러 54, 82, 164, 169, 182, 224, 225
올베르스 24, 34
옴 101
와츠 116
요르단 194, 195
요아힘슈탈 134
워즈워스 31, 106
월리스 94, 118
위너 215
윌리엄 4세(왕) 35
유클리드 95, 165

자

제르곤 121, 123
제르맹 14~17
조르당 193~195, 197, 232

차

체비쇼프 218

카

카르노 13
카슨 236
카조리 12
칸토어(게오르크) 9, 134, 157, 176, 190, 199~203

칸토어(모리츠) 3
케일리 118, 143, 146, 150, 160, 162~167, 225
켈빈 경 8, 57, 160, 187
코리올리 56
코발레프스카야 15, 217~221
코시 17, 54~59, 85, 86, 122, 123, 138, 139, 155, 164, 167, 171, 177
코테스 206
콜리지 106
콜번 105
쾨니히스베르거 219
쿠머 98, 132~135, 154, 174, 176, 177, 191, 199, 246
퀴비에 44
크렐레 46~48, 84, 85
크렐리와 케일하우 86, 87
크로네커 134, 135, 156, 157, 174~177, 199, 201, 202, 241, 246
크리스털 185
클라인 84, 156, 157, 175, 196~198, 201, 213~216, 241, 246, 247
클리포드 76, 169, 204~208
키르히호프 219

●● 타

타이펠 41
터커 206
테니슨 경 70
테이트 166, 185~188
토드헌터 117
톰슨 ☞ 켈빈 경
티몬 72

●● 파

파프 18, 42, 60
퍼스 가문 127, 128
퍼스(벤자민) 125~128
퍼스(벤저민 오스굿) 127, 128
퍼스(제임스) 127
퍼스(찰스) 127
페렐만 234~238
페아노 243-245
펠릭스 대왕 215
포사이스 167
포프 91
폴리아 248
퐁슬레 52~53
푸리에 5~9, 11, 49, 85, 99, 139, 231
푸생 212
푸아송 49~51, 85, 139, 140
푸앵소 52
푸앵카레(레몽) 233, 234
푸앵카레(앙리) 201, 214, 222~238, 251
푸크스 191, 192
프렌드 116
프로클로스 94
프로베니우스 176, 177
프리드먼 236
프톨레마이오스 111
플랑크 241
플뤼커 47, 153, 213
피아치 23
피카르 168, 171, 231, 239, 240
피콕 64, 65
피타고라스 95, 172

●● 하

하르처 27
하세 176
하우스도르프 198
하이네 176, 200
할모스 240
해밀턴 104~112, 162

허셜 32, 64~66, 162
헤비사이드 185
헤세만 42
헤퍼니크 99, 100
헬름홀츠 219
호라티우스 50, 150, 160
홀름보에 81~82
홀스테드 92
후르비츠 213, 246~248
훔볼트 41, 42
히파르코스 111
히파티아 15
힐(윌리엄) 233
힐(토마스) 127
힐베르트 169, 175, 202, 215, 241, 242, 244, 247, 249, 252

서명

가

≪간추린 수학사≫(볼) 29
≪거울 나라의 앨리스≫(도지슨) 207
≪광연론≫(그라스만) 129, 130
≪교육지≫ 206
≪기계와 제조의 경제≫(베비지) 69
≪꼬마 요정≫(클리포드) 206

나

≪네이처≫(잡지) 67
≪논리학과 확률론의 수학적 이론이 근거하는 사고의 법칙에 대한 고찰≫(불) ☞ ≪사고의 법칙≫

다

≪대수학≫(도트헌터) 117
≪대수학의 원리≫(프렌드) 116
≪도형의 사영적 성질에 대해≫(퐁슬레) 52

라

≪라예프스키가의 자매≫(코발레프스카야) 220
≪런던 왕립 학회 회보≫ 167
≪리그베다≫ 130
≪리우빌의 잡지≫ 123, 124, 142

마

≪메트로폴리타나 백과 사전≫ 118
≪모인스트≫(잡지) 227
≪무한 산술≫(월리스) 118
≪미국 수학 잡지≫(잡지) 147
≪미분 적분학≫(드 모르간) 115
≪미분 적분학≫(라크루아) 65, 160

바

≪범기하학≫(로바체프스키) 75
≪베라 보론초프≫(코발레프스카야) 220
≪보고서≫(프랑스 과학원) 55, 167
≪브래태니카 백과 사전≫ 112

사

≪사고의 법칙≫(불) 159, 161
≪수론 강의≫(하세) 176
≪수론 연구≫(가우스) 16, 18, 25, 29
≪수학 동향≫(미타그-레플러) 201, 209, 212, 227
≪수학 신 연감≫(잡지) 170
≪수학 연감≫(잡지) 200
≪수학 연습≫(코시) 55
≪수학 잡지≫(잡지) 150, 200
≪수학사≫(몽튀클라) 14
≪수학사≫(카조리) 12
≪수학을 만든 사람들≫(벨) 110

≪수학적 원리≫(화이트헤드, 러셀) 161
≪순수 및 응용 수학 연감≫(제르곤) ≪제르곤의 연감≫을 보라.
≪순수 및 응용 수학 잡지≫(리우빌) ☞ ≪리우빌의 잡지≫
≪순수 및 응용 수학 잡지≫(크렐레) ☞ ≪크렐레의 잡지≫
≪시대를 통한 공간≫(란크초스) 182
≪시작의 법칙≫(실베스터) 151
≪실용 기하학 수첩≫(요르단) 195

아

≪역설 모음≫(드 모르간) 42, 113, 117
≪열의 해석적 이론≫(푸리에) 7
≪왕립 학회 철학 회보≫ 150
≪왕립 학회 회보≫ 160
≪유클리드 주석서≫(프로클로스) 94
≪유클리드≫(심슨) 165
≪이상한 나라의 앨리스≫(도지슨) 207
≪이중 대수학≫(드 모르간) 117
≪인간에 대한 소론≫(포프) 91

자

≪자연 철학 원론≫(T and T) 187
≪전자기 이론에 대한 수학적 분석의 응용에 관한 소론≫(그린) 78, 79
≪제르곤의 연감≫(잡지) 121, 123, 138

차

≪최초의 천문대장 존 플램스티드 이야기≫(베일리) 42
≪측량 잡지≫(요르단) 194
≪측지학 안내서≫(요르단) 194, 195

카

≪카잔 회보≫(잡지) 75
≪케임브리지 수학 잡지≫ 160, 163
≪크렐레의 잡지≫(잡지) 46~48, 85, 154, 176, 201, 202

타

≪타임스≫(신문지) 73

파

≪페니 백과 사전≫(드 모르간) 115, 117
≪평행선 이론에 대한 기하학적 연구≫(로바체프스키) 75
≪프로이센 과학원 보고서≫(잡지) 157

하

≪해석학과 물리학 연습≫(코시) 55
≪형식 논리학≫(드 모르간) 117

용어

가

가 무한과 실 무한 201
가우스 · 베버 기념비 27
가우스 · 조르당 소거법 194, 195
가우스 소거법 194
가우스 탑 26
가우스 평면 25
가우스베르크 45
갈루아 이론 139
강신술 117
격언 작가 247
계산기 65~67
과학 발전을 위한 영국 협회 166
과학 일기 22
괴팅겐 7교수 사건 35, 62
구성주의 177
국제 수학 연맹 238

국제 수학자 대회 231, 237
군 142
그린 함수 78
그린의 정리 78
극한 3, 155
기하학의 기초를 이루는 가설에 관해 178, 180
기하학의 코페르니쿠스 76

●● 나

나폴레옹의 문제 11~13
나폴레옹의 정리 12, 13
내재적 기하학 26

●● 다

대수학의 기본 정리 18, 25
대학 교수 자격 취득 논문(강의) 97, 180
독일의 교육 체계 97
디레클레의 문제 101

●● 라

런던 수학회 117, 149
로그표 67, 68
로바체프스키 기하학 76
로절린드 시 151
루이르그랑 리세 136, 168, 170
리만 비유클리드 기하학 181
리만의 가설 182, 183

●● 마

뫼비우스의 띠 62, 63
무급 강사 97
미분 방정식 49, 54
미타그-레플러 상 211, 212
미타그-레플러 연구소 211
미타그-레플러의 정리 209

●● 바

바이어슈트라스의 근사 정리 157, 158
배장기 68
버지니아 대학 144, 145
변분법 49
변환군 196
보편주의자 222
복소 평면 24, 25
복소 함수론 3, 125
부르봉 왕가 57
분포 함수 9
불 대수학 159
불변론 144
비가환 대수학 4
비유클리드 기하학 4, 25, 40, 74~76, 89, 92, 94, 95, 181, 213

●● 사

사강사 97
사색 문제 250, 251
사영 기하학 52, 53
사원수 107, 108, 185
사차원 시공 세계의 절대성 252
사행시 162
산반파 53
삼단 논법 216
삼체 문제 227
상대성 이론 226, 227, 249, 250
상대적 성질 26
수 신비주의 94, 95
수열 69
수학의 괴물 224
수학의 왕자 41~45
수학적 귀납법 117, 118
수학 정치가 210, 214
슈바르츠의 부등식 134
시공간 연속체 249
심령 회전 117

심령주의 116

아
아르강 평면 24
아이디얼 189
야코비안 96
에를랑겐 목록 198, 213
연속성 3, 155
오차 방정식 168
외재적 기하학 26
원주율 118, 119
위치 기수법 33, 53
유클리드 기하학 213
유클리드의 제5공준 ☞ 평행선 공준
유클리드 작도 11
인접 영역 문제 61, 62
일광 반사기 26
일대일 대응 200
일반화 3
OR 69

자
자릿수 체계 33, 53
작도 가능성 22
전기판술 100
전보 68
절단 189
절대적 성질 26
정적분 49, 103
제타 함수 182
조르당 표준형 193
조르당의 곡선 정리 193
존스 홉킨스 대학 147
준비-잠복-발견 228
지능 검사 232
직관주의 202
집합론 3, 9, 200

차
차분 기관 66, 67
초월수(e, π) 169
초한수 200
추상 대수학 3
추상화 3
측도론 9

카
케레스 23, 24
클레이 수학 연구소 236~238

타
테이트의 나침반 188

파
퍼텐셜 49, 78
페르마 소수 22
페르마의 마지막 정리 14, 34, 101, 132
페아노 곡선 243, 244
평행선 공준 40, 75, 89, 92, 94, 95
표기법 32, 193
푸리에 급수 8, 49
푸아송 분포 49
푸앵카레 추측 234~237
푸크스 함수 169, 228, 229
프로이센 · 프랑스 전쟁 172
피카르의 정리 239
필산파 53
필즈 메달 237, 238

하
함수 3
해석 기관 66, 67
해석학에서 가장 아름다운 공식 126
해석 학회 64, 65
해석학의 산술화 155, 156

허수 32
헤퍼니크 사건 99, 100
형식주의 202
호헨하겐 탑 26
힐베르트 곡선 244